畜 牧

一

許振忠

學歷／日本國立北海道大學畜產學系博士

經歷／國立中興大學動物科學系教授

東大圖書公司

彩圖 1　來亨雞

彩圖 2　安得盧遜

彩圖 3　安科納

彩圖 4　可尼西

彩圖 5　喀欽

彩圖 6　婆羅門

彩圖 7　狼山雞

彩圖 8　蘇賽克斯

彩圖 9　道根

彩圖 10　蘆花雞

彩圖 11　溫多特

彩圖 12　洛島紅

彩圖 13　新罕布夏

彩圖 14　澳洲黑

彩圖 15　奧平頓

彩圖 16　長尾雞

彩圖 17　矮雞

彩圖 18　絹絲雞

彩圖 19　北京鴨

彩圖 20　番鴨

彩圖 21　盧昂鴨

彩圖 22　愛茲柏立鴨

彩圖 23　八福鴨

彩圖 24　卡咱鴨

彩圖 25 土番鴨

彩圖 26 印度跑鴨

彩圖 27　陸地鴨

彩圖 28　中國鵝

彩圖 29　白羅曼鵝

彩圖 30　加拿大鵝

彩圖 31　埃及鵝

彩圖 32　塞把拖鋪鵝

彩圖 33　美洲淺黃色鵝

彩圖 34　愛姆登鵝

彩圖 35　土魯斯鵝

彩圖 36　非洲鵝

彩圖 37　寬胸青銅色火雞

彩圖 38　貝爾茨維爾小型白火雞

彩圖 39　青銅色火雞

彩圖 40　白色荷蘭火雞

畜牧（一）

.... 目次

第一章　總　論

第一節　畜牧的意義與範圍

一、畜牧的意義

凡是為人類馴化、飼養，具有重大經濟價值，並能將其性能遺傳於後代之任何動物，均可稱之為家畜。而凡是利用土地從事家畜生產的事業即為畜牧，畜牧為農業的重要部門之一。畜牧學則為研究並創造家畜經濟價值之科學，即研究改良品種、繁殖、飼養管理、加工製造處理以及經營，以提高禽畜之生產效能，提供人類需要，如食、衣、住、行及娛樂等目的之應用科學。

二、畜牧的範圍

（一）廣義的範圍

凡為人類保育、飼養的動物均包括在內，包括哺乳動物、鳥類、爬蟲類、兩棲類、魚類及昆蟲類的飼養等。

（二）狹義的範圍

僅指飼養較實用及具經濟價值的動物而言，哺乳動物如牛、馬、羊、豬、兔、鹿等；禽類如雞、鴨、鵝、火雞等屬之，本課程僅論及

較實用及具經濟價值之狹義的家畜與家禽，如牛、豬、羊、雞、鴨、鵝、火雞及鹿等。其他如虎、豹、獅、象之飼養及養蠶、養蜂及養魚則不包括在本課程的範圍內。

畜牧學包括的範圍甚廣，如禽畜之遺傳、育種、繁殖、鑑別、飼養與管理、加工與銷售及糞尿處理等均包括在內。

第二節　畜牧與農業的關係

畜牧為農業的重要部門之一，自古以來畜牧即為臺灣農家之副業經營，經營農場者常兼營畜牧事業以增加收入，臺灣現在畜牧事業已有許多專業化經營者，但在農村農家仍多以兼營為主。不論是專業或兼營，畜牧業者飼養動物之原料，主要來自農作物或其副產物，而動物的排泄物，大多回歸至農業土地上，由此可見畜牧與農業的關係相當密切。二者的關係簡述如下：

一、擴大土地的利用價值

農作物需要較肥沃之土地。土壤貧瘠、交通不便、地勢不平、灌溉不便及氣候不佳之地區，均不適合栽培農作物，但如可種植牧草即可放養牛、羊，利用人類不能食用之草料生產乳肉及其他副產品，供人類之需要。又如森林地區亦可林間放牧，擴大土地的利用價值。

二、維持農地肥力

臺灣農村飼養家畜如養牛可提供農村所需的役力、輓車、農耕；養豬出售可增加收入等外，其排泄物提供之廄肥為最佳的有機肥料，

除供給作物所需的營養分如氮、磷、鉀外，尚富含腐植質，為土壤中重要的有機成分，可改良土壤的物理化學性質，維持地力。

近年來臺灣土壤過度施用化學肥料，其物理化學性質有惡化之現象，故施用有機肥料者又漸增加，以期能培養改善地力。

三、耕作制度的完整利用

一般農作物常實施輪作或輪栽制度，其目的乃為防止地力之竭盡。每隔一段期間栽培豆科作物，或於冬季栽培短期飼料作物，以飼養牲畜，而牲畜之排泄物可作為農田之肥分。如此一方面可將較廉價之植物性飼料，轉變為較高價值之乳、肉、蛋等動物性蛋白質，增加農民之收益，並可因牲畜排泄物施入農田，維持土壤肥力，提高農作物之產量。例如美國中部玉米產區，以價廉的玉米飼養家畜轉成為高價值之肉類，可增加收益。

四、水土保持

水土保持在整個國土保育上極為重要，與農業生產之關係極為密切。在山坡地種植牧草，使成為永久草地，具有覆蓋之作用，除可減低雨水逕流、避免土壤被沖刷流失外，牧草亦可提供作為飼養牛羊之粗飼料，發展山坡地畜牧事業。

五、農業剩餘產品及副產物的利用

農業生產供人類食用後剩餘之產品或其副產物，如穀物、藁稈、麩糠、蔗尾、殘羹及廢棄之葉菜類等，其利用價值甚低，但可作為家畜禽的飼料，生產乳、肉、蛋等之畜產品，提高其經濟價值，增加農家之收入。

六、耕作及運輸的動力

　　昔日農村社會，舉凡農耕、輓車、曳引、荷馱、運轉機械等均依賴畜力，現在雖由於農業機械化之發達，畜力的利用大減，但在某些偏遠地區，尚利用畜力耕作及農場產品之運輸，協助農業生產。

第三節　畜牧的演進

　　我們目前所飼養之家畜，乃是由野生動物馴化而來，人類在原始時代，以漁獵生活，後來才漸懂得馴養動物，供給人類食用。野生動物之馴養，可能是由人類狩獵捕獲而加以馴養者；也可能是野生動物至人類棲住地之周圍覓食，而與人類為伴，逐漸為人類馴養者。家畜馴養之順序已難考據，一般相信最先被人類馴養之家畜可能為犬，而據 Higgs 與 Jarman (1972) 稱，綿羊為最先馴化，而犬其次。

　　家畜於何時開始由人類馴養甚難查考，據歐洲有關的報告指稱，歐洲在舊石器時代，尚無農耕，雖有種種的野生動物棲息，但尚未見馴養，至新石器時代，約在西元前 12,000～5,000 年間，開始有原始農業及家畜之出現。乘騎之馬於青銅器時代，約為西元前 5,000～2,000 年間出現。據研究認為最早歐洲之家畜是由東方流傳過去的，牛、羊、驢在古埃及之遺物雕刻中可發現，推測距今 7,000～8,000 年前已有飼養者，而牛並非在埃及馴養，而是在南亞細亞地方起源，其移動至埃及約需 2,000 年，故馴化者應距今有 10,000 年前。由古代巴比倫之文化遺跡（約西元前 5,000 年）中，推斷在其文化之初期已有家畜，推測較此更早之前既已有飼養家畜，故認為至少在 7,000 年以前的古代

即有家畜馴養。家禽類，雞是由亞洲東南部之野雞馴養而成，最早之記載，係出自西印度河谷，約為西元前 2,000 年；野鴨之馴養可能亦極早，在西元前 2,000 年，羅馬之史書中，已有鴨之記載。

由家畜之馴化至今，畜牧之演進約略可區分為 3 個階段。

（一）粗放飼養階段

人類採游牧生活，逐水草而居，循有水之草原或河岸放養牲畜，無固定之居所，隨時遷徙。

（二）半粗放飼養階段

由於人口及牲畜之增加，天然草原已不足供應牲畜的需要，需以人工栽培生產牧草，補充草料之不足。此時農耕已發達，家畜除供應食物及衣著外，並被訓練參與耕作及馱運。

（三）集約飼養階段

由於人口不斷增加，在人口稠密地區，土地昂貴，土地均利用以生產人類所需之糧食，可供培植牧草飼養牲畜或放牧牲畜之土地稀少，又人類對動物性蛋白質之需求日增，故土地必須作最經濟有效之集約飼養牲畜，提高單位面積牲畜之飼養頭數，例如現今企業化飼養之養雞場、養豬場及養牛場等均屬之。

第四節　世界各國畜牧業的概況

　　世界各國包括的地區遼闊，各國地理環境及風俗習慣不同，其飼養家畜禽的情況亦有不同。本節茲就世界各國較主要家畜禽的飼養狀況列述如後，1991 年世界主要國家畜禽產品的生產量列如表 1-1 所示。

▶表 1-1　1991 年世界主要國家畜禽產品生產量

	現有頭數（豬、牛：千頭，雞：百萬隻）				生產量（千公噸）			
	豬	肉牛	乳牛	雞	豬肉	牛肉	牛乳	禽肉
世界合計	857,099	1,294,604	226,711	11,061	70,852	51,452	464,468	40,891
亞洲合計	435,708	399,274	56,191	4,727	30,883	5,011	55,041	9,474
日本	11,335	4,863	1,335	335	1,490	573	8,180	1,417
中國大陸	363,975	81,407	2,884	2,077	25,460	1,302	4,816	3,463
印度	10,450	198,400	31,000	380	364	857	27,000	368
印尼	6,800	10,350	318	590	275	192	329	458
南韓	4,528	2,126	305	74	530	130	1,848	203
馬來西亞	2,400	658	46	148	195	12	30	352
菲律賓	8,007	1,677	15	65	710	78	15	237
伊朗	–	6,800	2,040	165	–	250	1,428	275
泰國	5,000	6,052	78	114	340	179	178	717
美洲合計	143,138	435,594	49,405	2,951	11,565	34,888	116,946	17,887
美國	54,427	98,896	9,990	1,520	7,258	10,531	67,373	11,503
加拿大	10,516	12,369	1,359	114	1,110	879	7,340	744
古巴	1,900	4,920	560	28	90	140	1,070	92
墨西哥	15,902	29,847	5,600	246	812	1,550	6,925	897
阿根廷	4,464	50,080	2,800	45	216	2,640	6,200	391
巴西	35,000	152,000	19,300	570	1,160	2,800	15,300	2,614
歐洲合計	181,016	120,453	42,985	1,252	21,185	10,961	162,660	8,257

丹麥	9,489	2,220	745	16	1,255	212	4,640	135
法國	12,239	21,446	9,000	213	1,820	1,934	26,600	1,394
德國	30,819	19,488	5,938	106	3,909	2,183	29,300	602
義大利	9,520	8,647	2,900	138	1,330	1,164	10,000	1,105
荷蘭	13,788	4,830	1,825	103	1,639	495	11,220	499
西班牙	16,100	5,126	1,500	51	1,850	490	6,200	840
英國	7,379	11,846	2,889	122	980	1,019	15,022	1,112
瑞典	2,170	1,675	508	11	275	146	3,242	45
羅馬尼亞	12,003	5,381	2,040	121	850	160	3,150	350
波蘭	21,868	8,844	4,700	52	1,869	708	15,050	310
比盧	6,421	3,000	890	35	900	329	3,900	190
大洋洲合計	4,369	32,213	4,047	81	395	2,307	14,625	488
紐西蘭	400	8,200	2,369	10	43	535	7,973	58
澳洲	2,530	23,430	1,618	62	312	1,760	6,578	416
非洲合計	17,268	191,471	32,482	890	623	3,648	15,196	1,786
前蘇聯	75,600	115,600	41,600	1,160	6,200	8,200	100,000	3,000

資料來源：FAO 生產年鑑，1991。

一、肉牛的生產狀況

　　生產年鑑 (1991) 統計顯示，全世界牛隻頭數為 12 億 9 千 4 百餘萬頭，就生產國而言，以印度最多，計 198,400 千頭，因習俗禁止屠宰牛隻，故其牛肉生產量不高；次為巴西之 152,000 千頭，前蘇聯第三為 115,600 千頭，美國第四為 98,896 千頭，中國大陸第五為 81,407 千頭，此外，阿根廷、墨西哥、澳洲等亦為主要產牛國家。牛肉之生產量則以美國第一，以下順次為前蘇聯、巴西、阿根廷、德國、法國、澳洲等。在 1990 年平均每人牛肉年消費量之十大國家以阿根廷第一，烏拉圭次之，美國居第三位，詳列如表 1-2 所示。而世界牛肉之供需情形則列如表 1-3。

▶表 1-2　1990 年十大牛肉消費國

名次	國別	公斤／人
1	阿根廷	65.0
2	烏拉圭	57.6
3	美國	44.1
4	澳洲	40.3
5	加拿大	39.1
6	紐西蘭	36.1
7	捷克	29.8
8	法國	28.9
9	義大利	26.7
10	瑞士	25.2

資料來源：臺灣農業發展方向與策略研討會（家畜與家禽組），1991。行政院農業委員會。

▶表 1-3　世界牛肉供需情形（單位：千噸／千頭）

年別	產量	消費量	牛頭數	屠宰頭數
1986	44,164	43,436	1,039,313	202,559
1987	44,906	43,779	1,037,873	204,407
1988	45,331	44,224	1,026,161	205,790
1989	45,631	45,040	1,029,561	208,355
1990	45,091	44,526	1,029,327	208,364

資料來源：臺灣農業發展方向與策略研討會（家畜與家禽組），1991。行政院農業委員會。

二、乳牛的生產狀況

　　由表 1-1 可知，1991 年乳牛之飼養頭數，前蘇聯第一為 41,600 千頭，印度第二為 31,000 千頭，巴西第三為 19,300 千頭，美國第四為 9,990 千頭，法國第五為 9,000 千頭，然後依序為德國、墨西哥、波蘭、義大利及英國等。在牛乳產量方面，以前蘇聯的 100,000 千公噸

第一，美國第二為 67,373 千公噸，德國第三為 29,300 千公噸，印度第四為 27,000 千公噸，法國第五為 26,600 千公噸，然後依序為巴西、波蘭、英國、荷蘭及義大利等。在 1990 年平均每人液狀乳年消費量之十大國家以挪威第一，愛爾蘭次之，波蘭第三，其他詳列如表 1–4 所示。

▶表 1–4　1990 年十大液狀乳消費國

名次	國別	公斤／人
1	挪威	232.8
2	愛爾蘭	178.6
3	波蘭	153.5
4	芬蘭	152.3
5	瑞典	144.1
6	紐西蘭	139.6
7	葡萄牙	136.9
8	奧地利	133.0
9	羅馬尼亞	128.9
10	丹麥	122.2

資料來源：臺灣農業發展方向與策略研討會（家畜與家禽組），1991。行政院農業委員會。

三、豬的生產狀況

近年來世界豬隻之生產量呈持續性成長，依 FAO 的統計資料顯示，在 80 年代 (1980～1990)，平均每年增加 1.6%。以生產國而言，1991 年中國大陸第一，計 363,975 千頭，並持續增加中，前蘇聯第二為 75,600 千頭，美國第三為 54,427 千頭，巴西第四為 35,000 千頭，德國第五為 30,819 千頭，其次依序為波蘭、西班牙、墨西哥、荷蘭及法國等。近年來以開發中國家呈持續成長，而已開發之工業國則呈逐

漸減少的現象。如以養豬密度而言，1990 年以荷蘭每平方公里 403.8
頭最高，臺灣之 238.2 頭居次，其次依序為丹麥、比利時、德國、日
本、英國、美國及加拿大（表 1-5）。在豬肉生產量方面，以中國大陸
之 25,460 千公噸居第一位，美國第二為 7,258 千公噸，前蘇聯第三為
6,200 千公噸，德國第四為 3,909 千公噸，波蘭第五為 1,869 千公噸，
其次依序為西班牙、法國、荷蘭、日本及義大利等（表 1-1）。豬肉的
消費量，1990 年每人每年消費量以丹麥之 68.3 公斤居首，其次為德國
之 62.1 公斤，比利時 47.0 公斤居第三位，臺灣以 36.0 公斤居第八位，
詳如表 1-6 所示。

▶表 1-5　1990 年世界主要國家養豬密度表

國名	土地面積 （平方公里）	養豬頭數 （千頭）	密度 （頭數／平方公里）
荷蘭	33,929	13,700	403.8
臺灣	35,962	8,565	238.2
丹麥	42,994	9,275	215.7
比利時	30,562	6,150	201.2
德國	248,640	22,888	92.1
日本	370,370	11,940	32.2
英國	243,978	7,600	31.2
美國	9,372,614	58,445	6.2
加拿大	9,976,185	10,650	1.1

資料來源：歐洲共同市場年報，1990。

▶表 1–6　世界主要國家豬肉消費量表

國名	消費量（公斤／年）
丹麥	68.3
德國	62.1
比利時	47.0
荷蘭	46.5
西班牙	44.8
香港	41.0
法國	37.7
臺灣	36.0
愛爾蘭	34.1
加拿大	29.4
義大利	29.0
美國	28.5
英國	24.9
葡萄牙	24.3
日本	11.4

資料來源：歐洲共同市場年報，1990。

四、家禽的生產狀況

　　肉雞的生產在 1980 年代由於美國家禽業的成長，帶動全世界家禽業的高度成長。以經營型態之趨勢而言，在家禽產業發達之國家，已漸趨向垂直統合之經營方式，而由 1985～1990 年世界禽蛋總生產量顯示，近 5 年的禽蛋產量在已開發國家有稍減少的現象，但在開發中國家仍持續上升。以 1991 年之生產量而言，雞隻生產隻數以中國大陸之 2,077 百萬隻占第一位，美國之 1,520 百萬隻第二，前蘇聯之 1,160 百萬隻居第三位；禽肉的生產量，以美國之 11,503 千公噸占第一位，中國大陸之 3,463 千公噸居第二，前蘇聯之 3,000 千公噸居第三位，巴西

之 2,614 千公噸第四，其次為日本之 1,417 千公噸（表 1–1）；雞蛋之
產量以中國大陸最多， 1992 年之產量達 1,360 億個， 占世界產量之
20%，其次為美國，前蘇聯又次之。

五、毛用畜的生產狀況

　　毛用畜主要以綿羊為主，其他尚有山羊及駱駝等。綿羊之飼養頭
數，1991 年以澳洲之 162,774 千頭為最多，前蘇聯之 134,000 千頭居
次，中國大陸之 112,820 千頭為第三位。山羊以印度第一為 112,000 千
頭，中國大陸第二為 97,378 千頭及巴基斯坦 36,673 千頭居第三位。

第五節　中國畜牧業概況與展望

一、概況

　　中國大陸之幅員廣闊，各地之地理環境及氣候條件差異極大，在
西北地區地廣人稀，適於粗放之畜牧業，人民的生活以游牧及半游牧
為多。至東南部地區人口稠密，一向以農耕為主，畜牧亦以較集約方
式經營，尤其自大陸採開放政策後，畜牧業的經營也漸趨向大規模企
業化之集約經營。依據 FAO 之資料顯示，1991 年中國大陸之豬、雞
飼養頭數居世界第一位，山羊第二位，綿羊第三位，牛第五位。而役
畜之馬、驢及騾亦均居世界第一位，水牛第二位。中國大陸的禽畜飼
養歷史悠久，禽畜之品種繁多；未開放之前，其禽畜之飼養數目雖多，
但飼養、管理之知識缺乏，飼養效率不佳，隨著大陸經濟改革日漸開
放，引進飼養管理知識、技術及設備，改良其本地品種，引進國外之
優良品種飼養，並因農政單位之積極輔導，近年來其畜牧之生產模

式發生極大的改變，也逐漸走向大規模之企業化飼養，禽畜之飼養數量顯著增加，尤其在雞、豬之飼養技術日益提高，其中臺灣之畜牧業者到大陸投資、指導，亦貢獻良多。例如，大陸豬隻之出欄率（屠宰頭數／在養頭數）在 70 年代以前只有 50%，至 1990 年已提高到 87.8%，每頭成年母豬所產出欄豬數在 1986 年至 1988 年間，平均為 11.2 頭，而至 1990 年則提高為 12.29 頭，即為明顯的例子。

（一）牛

中國大陸之牛種資源豐富，主要有黃牛、水牛及犛牛（牦牛）。

1. 黃牛

大陸的養牛事業一直以黃牛為主，水牛次之，分別占牛總頭數的 75% 及 22%。黃牛按其地理分布區域，分為中原黃牛、北方黃牛及南方黃牛 3 大類型，主要供役用。

⑴中原黃牛包括中原廣大地區的秦川牛、南陽牛、魯西牛和晉南牛，其他如遼寧的復州牛、河南的郟縣紅牛和山東的渤海黑牛等。

⑵北方黃牛包括內蒙古、東北、華北和西北的蒙古牛，吉林、遼寧、黑龍的延邊牛，和新疆的哈薩克牛等。

⑶南方黃牛包括產於東南、西南、華南、華中及陝西南部者，品種有巴山牛、雷瓊牛、溫嶺高峰牛、閩南牛、大別山牛、盤江牛、皖南牛、舟山牛、三江牛、鄧川牛等。

此 3 大類型之黃牛以中原黃牛體型最大，北方黃牛次之，南方黃牛最小。就用途而言，除牧區的蒙古牛和雲南的鄧川牛為乳役兼用外，其他地區之黃牛以役用為多。

2. 水牛

水牛均分布於水稻之種植區，西至四川，北至河南。水牛以役用為

主，只有 1 個品種，由於各地區之環境生態及飼養管理不同，形成大、中、小 3 種類型。

3. 乳牛

乳牛飼養很少，70 年代以後才開始有較快的發展，至 1991 年約飼養 288.4 萬頭。

4. 犛牛（牦牛）

分布於 3,000～5,000 公尺之高地草原上的特有家畜，為世界上高山之稀有牛種。產於中國大陸之西藏、西康、青海及蒙古一帶，可適於峻峭山坡放牧，及供高原的旅運工具，亦可利用其乳、肉、毛及皮。

5. 瘤牛

在中國大陸之瘤牛，僅產於雲南省，屬於較原始瘤牛類型，為牛種資源中一珍貴之畜種。

（二）豬

中國大陸為世界第一的養豬大國，飼養地區主要集中在四川、湖南、湖北、江蘇、廣東、浙江、江西、安徽、山東、河北、河南等省，這些省份大多數是農業比較發達，糧食產量高，豬種和飼料資源優越地區。大陸之豬種相當多，較有名之地方品種有東北民豬、八眉豬、太湖豬、大花白豬、陸川豬、金華豬、內江豬、榮昌豬、寧鄉及臺灣桃園豬等；經雜交育成之品種計有哈爾濱白豬、新金豬、三江白豬、北京黑豬、新淮豬、上海白豬等；由國外引進之豬種計有盤克夏豬、約克夏豬、蘇聯大白豬、克米洛夫豬、藍瑞斯豬、杜洛克豬、漢布夏豬等。

（三）綿羊

中國大陸幅員遼闊，綿羊之品種亦多，主要之品種可分為：

1. 新疆毛肉兼用細毛羊

簡稱新疆細毛羊，產於新疆維吾爾自治區，目前已廣泛分布於全國，可供改良其他地區之粗毛羊。

2. 東北毛肉兼用細毛羊

簡稱東北細毛羊，產於東北三省，主要產區在松遼平原，分布在內蒙古、河北、河南、湖北、湖南、廣西、四川、山東、安徽、江西等十多個省區。

3. 中國美利奴羊

簡稱中美羊，產於新疆維吾爾自治區、內蒙古自治區和吉林省。與各地細毛羊及改良羊雜交，對毛長、淨毛量、淨毛率、羊毛彎曲、油汗、腹毛和體型均有改進和提高。

4. 哈薩克羊

原產於哈薩克及其鄰近地區，新疆為其主要產區，主要分布於天山以北和阿爾泰山以南的準噶爾盆地，在青海、甘肅、新疆三省區交界處亦有分布。

5. 蒙古羊

屬肥尾型，尾上脂肪大多蓄積於基部，尾尖細小常彎曲。原產於蒙古草原，主要分布於內蒙古、甘肅、青海、新疆、陝西、寧夏和東北等省區。

6. 西藏羊

原產於青康藏高原，主要分布於西藏、青海、甘肅南部、四川西北部以及雲南、貴州等省之部分地區。

7. 其他

除上述品種外，尚有湖羊、灘羊、和田羊、同羊、寒羊、阿勒泰大尾羊、烏珠穆沁羊等優良之地方品種。

（四）家禽

中國大陸家禽種類繁多，主要為雞、鴨、鵝及火雞。

1. 雞

著名之地方品種計有北京油雞（宮廷黃雞）、石岐黃雞、三黃雞、狼山雞、蕭山雞、仙居雞、浦東雞、桃源雞、惠陽雞、鹿苑雞、固始雞、庄河雞及壽光雞等。主要產區為廣東、廣西、江蘇、湖南、湖北、浙江、河南、河北、安徽、四川、山東、遼寧等省。經濟開放以後，已有許多外國之品種引入，現代化之種雞場、肉雞場及蛋雞場已陸續出現，均以企業化大規模經營。

2. 鴨

鴨在中國大陸各地均有生產，以生產水稻之地區飼養最多，中國大陸之鴨種以北京鴨舉世聞名，臺灣育成之改鴨及土番鴨即以北京鴨為親代，交配繁殖而成。另外如紹興麻鴨（紹鴨）為優良之蛋用種鴨；南京鴨亦甚著名。其他尚有金定鴨、悠縣麻鴨、荊江鴨、三穗鴨、連城白鴨、莆田黑鴨等。主要產區為廣東、湖南、廣西、江蘇、安徽、浙江、四川、湖北、福建、山東等省。

3. 鵝

鵝在中國大陸各地亦均有飼養，以中國鵝聞名於世，很多國家均有飼養中國鵝。中國鵝依羽色可分為白色與灰色 2 個變種。白色種體型較小，產蛋量較多，多分布於北方；灰色種體型較大，產蛋量較少，多分布於南方。另外獅頭鵝及太湖鵝亦為優良品種。

（五）馬

中國大陸馬之飼養數量居世界首位，依 FAO (1991) 之統計為 10,174 千頭，大陸馬之品種主要有蒙古馬、哈薩克馬、西南馬、河曲馬、伊犁馬、三河馬、東北馬等。

二、展望

中國大陸雖幅員廣大，但人口亦眾多，凡可耕之地莫不用為生產人類所需之糧食，能利用作為生產家畜飼料者已甚有限。另方面在經濟改革開放之前，大陸人民對畜牧有關知識普遍缺乏，舉凡遺傳、營養、飼養管理及家畜衛生等常識均不足，以致生產效率低落，畜牧事業一直停留於傳統副業生產之方式，加以人民生產力低落，人民所得低，對畜產品之消費量甚低，致畜牧業之發展困難。然大陸資源豐富，禽畜種類甚多，本地種禽畜在育種、選種及營養飼養上均未達現代科技水準，如能在選種和營養飼養上，同時利用現代之科技知識，提升生產效率，則應可建立世界級之種源。隨著大陸經濟改革日漸開放，經濟日益發展，人民對畜產品之需求將日益增加，畜牧業也會隨著擴張，目前大陸有關部門亦積極著手發展畜牧事業，引進國外之技術設備，如冷凍精液之推廣應用，企業化之大規模經營等，已稍具成效，不過與世界上先進國家比較，尚有段差距，其發展空間尚大。然誠如前述，大陸人口眾多，可耕之地有限，且其畜牧生產之基本設施尚薄弱，運銷體系不佳，技術水準尚低，為因應未來人民對畜產品需要之增加，應制訂周詳之計畫，大力提高畜牧業在農業中所占之比重，實行農區、牧區並重，有效運用土地、資金、勞力及引進技術，集中力量從事禽畜品種之改良工作，並依各地之區域特性發展畜牧事業，如

臺灣實施之養豬專業區、酪農專業區、肉牛村、養雞示範村等。在農作物生產區充分利用農作物副產物，以飼養牲畜；而在大陸之西北地區，雨量不足，不適於農作物生產，但有廣大之草原，可努力發展草食禽畜，如牛、羊、馬、兔及鵝等，加強草原、草地之改良和維護；同時應用科學技術，改進飼養管理之方法，制定實用之管理標準，提供生產者遵循；強化畜牧生產之基礎設施及產銷體系；加強科技研究，開發飼料及草源，普及教育及技術推廣工作，俾使家畜、禽發揮最高生產效能、物盡其利、改善飼料效率、降低生產成本，提高農牧民之收入。人民之教育及生活水準提高，則對畜產品之需求量將進一步增加，因而可更刺激畜牧之增產。

第六節　臺灣畜牧業概況與展望

一、概況

　　臺灣四面環海，面積僅 36,000 平方公里，且無法耕種之山林土地約占 2/3，平原人口稠密，畜牧事業之發展受到土地不足之影響，均以集約密集方式飼養，尤其是養牛事業，無廣大的牧草地可供放牧，均以圈飼方式飼養，缺乏大型養牛牧場。不過由於人民生活水準之提高，對畜產品的需求量增加，加以政府之輔導、提倡，致使臺灣畜牧業，尤其是養豬事業及家禽事業逐漸擴大，由傳統的副業經營型態，轉變為大規模企業化經營，對改善農村經濟助益極大。畜牧業中的養豬事業，近年來已躍居農業單項產值最高的產業。然由於飼養規模的擴大，畜牧業對環境的汙染日趨嚴重，加以人口增加，生活水準提高，人民對環保之要求日趨嚴格，以致畜牧業者需再投資一筆資金於糞尿

處理設施，增加飼養成本。另方面臺灣加入 WTO 後，由於市場的開放，也將面臨外國畜產品之競爭，臺灣的畜牧業勢需朝更高層次之技術發展，提高生產效率、降低飼養成本、改善運銷體制，以期畜牧業能繼續發展。茲就臺灣畜牧業發展之概況摘述如下：

（一）乳牛事業

在臺灣光復之初，臺灣並無乳牛事業，當時飼養的牛隻主要為水牛、黃牛及雜種牛等，主要作為耕田、拉車等役用為主。自民國 46 年開始，政府為發展乳牛事業，設置酪農實驗區，逐漸推廣乳牛事業，於民國 54 年成立臺灣乳業發展小組，設置乳業發展基金，積極輔導乳業之發展，並於民國 55 年進而推行學童乳，由政府補貼培養學童飲用鮮乳的習慣，擴大鮮乳的消費，促進乳牛事業之發展。於民國 62 年為因應國內鮮乳市場之需求，自國外進口乳牛，在國內成立 28 個酪農專業區，奠定乳牛事業發展之基礎。行政院復於民國 75 年核定「養牛政策與措施」，以發展乳牛為主、肉牛為副之政策，嗣後乳牛的飼養頭數逐漸增加。政府於民國 65 年起推行冬季與夏季乳分別計價，並於民國 79 年起更進而實施三段乳價，即夏季（6、7、8、9 月）、冬季（12、1、2、3 月）及春秋（4、5、10、11 月）分別計價之政策，鼓勵酪農調整配種季節，增加夏季乳產量，減少冬季剩餘乳之問題，促進乳業之健全發展。至民國 81 年底酪農戶數已達 1,076 戶，飼養頭數達 93,537 頭，平均每戶飼養 87 頭。目前乳牛事業除提供臺灣牛乳及乳製品消費外，亦為牛肉供給之重要來源。臺灣歷年乳牛及牛乳產量變動列於表 1–7，而乳品消費量變動則列於表 1–8 說明。

▶表 1–7　臺灣歷年乳牛頭數及牛乳產量變動表

年別	乳牛總頭數		經產牛頭數		乳量	
	頭數	增減率 (%)	頭數	增減率 (%)	公噸	增減率 (%)
70	23,636	0.00	12,159	0.00	50,154	0.00
71	26,390	11.65	13,920	14.48	55,859	11.37
72	28,117	6.54	15,361	10.35	58,022	3.87
73	32,587	15.90	18,195	18.45	66,933	15.36
74	41,561	27.54	22,752	25.05	87,879	31.29
75	49,109	18.16	27,309	20.03	109,723	24.86
76	60,463	23.12	33,986	24.45	144,390	31.60
77	69,361	14.72	40,140	18.11	173,407	20.10
78	74,899	7.98	44,926	11.92	182,421	5.20
79	78,932	5.38	46,342	3.15	203,830	11.74
80	85,060	7.76	49,433	6.67	225,656	10.71
81	93,537	9.97	53,295	7.81	246,281	9.14

資料來源：臺灣農業年報，1993。行政院農業委員會。

▶表 1–8　臺灣歷年乳品消費量表

年別	人口（千人）	國產		進口乳品核算生乳量		每人年消費量（公斤）	自給率 (%)
		公噸	kg/人	公噸	kg/人		
54	12,628	13,650	1.08	52,216	4.13	5.22	20.72
64	16,149	46,189	2.86	195,719	12.12	14.98	19.09
70	18,136	50,154	2.77	487,534	26.88	29.65	9.33
71	18,458	55,859	3.03	510,375	27.65	30.68	9.87
72	18,733	58,022	3.10	603,678	32.23	35.32	8.77
73	19,012	66,933	3.52	615,381	32.37	35.89	9.81
74	19,258	87,879	4.56	617,580	32.07	36.63	12.46
75	19,454	109,723	5.64	711,838	36.59	42.23	13.36
76	19,673	144,390	7.34	681,775	34.66	41.99	17.48
77	19,904	173,407	8.71	741,269	37.24	45.95	18.96
78	20,107	182,421	9.07	854,309	42.49	51.56	17.60
79	20,359	203,830	10.01	872,865	42.87	52.89	18.93

資料來源：臺灣農業年報，1991。行政院農業委員會。

（二）肉役牛事業

前已敘及臺灣光復之初，臺灣飼養牛隻以供役用為主，當時農村之農民大部分不吃牛肉，牛肉之消費量不高，一直到民國50年均維持以供役用為主之型態。50～60年間，由於經濟之迅速成長，國民所得提高，並由於乳牛事業之發展，乳用公牛肉用之數量漸增，牛肉之消費量漸增加，且農業機械化逐漸普遍，役用牛之需求亦漸減少，漸轉為發展肉役兼用牛，自國外進口純種聖達公牛，進行級進育種，與臺灣黃牛雜交，以改善產肉能力及肉品質。民國62年起自國外進口肉牛供農戶飼養，期能發展肉牛事業，惜因冷凍牛肉廉價大量進口，致使初萌芽的肉牛事業受到嚴重打擊未能茁壯，自民國71年至79年，臺灣黃雜牛（含肉雜牛）與水牛頭數有逐漸減少之趨勢，省產牛肉的供給量也逐漸下降，至民國79年僅占總供給量之11.5%，進口牛肉已主宰了國內的牛肉市場。不過由於國人食性偏好新鮮牛肉，故省產牛肉仍占有一席之地，目前以副業性飼養及飼養肥育荷蘭小公牛、黃牛及雜種牛為主。臺灣歷年牛隻頭數及歷年牛肉供給量之變動，列如表1–9及表1–10所示。

▶表 1–9　臺灣歷年牛隻頭數變動表

年別	總頭數	水牛	黃雜牛	荷蘭公牛	荷蘭乳牛
71	129,441	47,113	49,553	6,383	26,390
72	129,852	45,134	50,101	6,500	28,117
73	130,342	40,873	50,324	6,558	32,587
74	143,204	38,448	52,766	10,429	41,561
75	153,322	36,742	55,544	11,927	49,109
76	171,759	35,493	62,656	13,147	60,463
77	176,275	34,165	59,661	13,088	69,361
78	165,136	26,827	51,334	12,076	74,899
79	154,238	21,876	41,564	11,866	78,932
80	152,856	18,618	33,699	15,479	85,060
81	157,873	16,623	30,655	17,058	93,537

資料來源：臺灣農業年報，1993。行政院農業委員會。

（三）養豬事業

　　臺灣養豬事業之發展過程，可以劃分為 5 個階段，臺灣光復初期至民國 50 年代，臺灣之養豬戶均為農家副業方式飼養，以廚房之殘羹及農作副產物飼養，並利用其糞尿排泄物製作堆肥，提供農地所需之肥力，飼養設備簡陋，環境衛生條件亦差，豬隻品種品質不佳，生長緩慢生產效率極低，此段期間又可分成 2 個階段，民國 34～41 年為重建期；民國 42～51 年為萌芽期。政府為改良豬隻品種，提高生產效率，改善豬肉品質，遂於民國 52 年起推廣綜合性養豬計畫，輔導養豬戶進行洋種豬與本地豬種雜交，並使用完全配合飼料，改善豬隻之生產效率，此為發展期。後於民國 62～68 年推廣農漁牧綜合經營專業區，推廣三品種肉豬，奠定了臺灣農村養豬事業之發展基礎，於民國 68 年在臺灣畜產試驗所新化本所及臺灣養豬科學研究所成立國家核

▶表 1–10　臺灣歷年牛肉的供給量

年	屠宰頭數	省產牛肉		進口牛肉		總供給量	
		噸	%	噸	%	噸	%
61	26,277	4,425	80.0	1,104	20.0	5,529	100
62	33,152	5,592	82.2	1,208	17.8	6,800	100
63	28,573	4,754	79.3	1,244	20.7	5,998	100
64	21,408	4,294	14.4	25,515	85.6	29,809	100
65	61,377	10,550	53.1	9,331	46.9	19,881	100
66	87,579	15,798	83.3	3,167	16.7	18,965	100
67	58,423	9,710	52.9	8,631	47.1	18,341	100
68	46,880	8,518	41.5	11,992	58.5	20,510	100
69	32,530	5,499	33.4	10,941	66.6	16,440	100
70	30,758	5,190	23.1	17,277	76.9	22,467	100
71	33,282	5,740	22.5	19,766	77.5	25,506	100
72	37,562	6,619	22.3	23,076	77.7	29,695	100
73	33,569	6,482	21.2	24,089	78.8	30,571	100
74	24,172	4,351	13.6	27,351	86.4	31,666	100
75	21,561	3,883	10.6	32,650	89.4	36,533	100
76	23,174	4,171	11.3	32,841	88.7	37,012	100
77	26,256	4,727	11.0	38,349	89.0	43,076	100
78	33,658	6,058	13.6	38,479	86.4	44,537	100
79	27,328	4,920	11.5	38,029	88.5	42,948	100

資料來源：臺灣農業發展方向與策略研討會（家畜與家禽組），1991。行政院農業委員會。

心種豬場南、北各一場，培育優良之種豬，增加優良種豬之來源；並應用豬人工授精服務網，推廣優良之種公豬精液，改良豬隻品質，提高生產效率，此時臺灣養豬事業進入成熟期。而民國 70 年至今，由於養豬事業快速發展結果，常產生產銷失調，加上糞尿廢水之汙染，日益嚴重，政府必須調整毛豬產銷政策，此階段稱為調整期。目前臺灣之養豬型態已由傳統之副業飼養，轉變成為大規模企業化經營，為農業單項產值最高之產業。至民國 81 年養豬戶為 33,247 戶，養豬頭數

為 9,754,460 頭。除自給自足外，尚有大量外銷（表 1–11），81 年外銷豬肉產值約達 268 億元，為臺灣農產品在國際市場上少數具有競爭能力之產業。隨著生活水準之提高，以及養豬規模之擴大，豬糞尿之處理日益受重視，目前一般採用三段式處理，即固液分離、厭氣發酵及好氣發酵之處理方式分段處理，仍有許多有待改進之處，研發更省工及經濟有效之處理方法，日益重要。

▶表 1–11　臺灣歷年養豬戶數、飼養頭數、屠宰頭數及豬肉消費量演變情形

項目 年別	養豬戶數	養豬頭數	平均每戶 飼養頭數	屠宰供應頭數		
				合計	內銷	外銷
70	140,452	4,825,862	34.36	7,738,018	7,192,578	545,440
71	116,581	5,182,487	44.45	7,940,732	7,344,732	596,000
72	109,034	5,888,195	54.00	8,480,357	7,450,293	1,030,064
73	94,791	6,569,313	69.30	9,264,780	7,705,184	1,559,596
74	83,709	6,673,983	79.73	10,380,258	8,140,198	2,240,060
75	72,451	7,056,918	97.40	10,529,549	7,892,186	2,637,363
76	63,229	7,129,034	112.75	11,300,000	7,674,151	3,625,849
77	55,574	6,954,322	125.14	11,020,942	7,848,642	3,172,300
78	53,022	7,783,276	146.79	11,078,268	8,266,800	2,813,200
79	47,221	8,565,250	181.39	12,121,873	8,169,579	3,950,421
80	39,662	10,089,137	–	13,525,987	–	–
81	33,247	9,754,460	–	13,310,000	–	–

資料來源：臺灣農業發展方向與策略研討會（家畜與家禽組），1991。行政院農業委員會。

（四）養羊事業

臺灣氣候高溫多雨，較不適合羊之生長，尤其綿羊之飼養一直不多，唯近年來國人對羊肉之消費日益增加，羊乳也因國人認為具有特殊之滋補效果，故養羊之頭數亦有增加之趨勢。其中黑肚綿羊經在恆春、臺東飼養結果，其經濟效益尚佳，而山羊飼養供乳用及肉用，飼

養頭數較綿羊多，至民國 81 年山羊之飼養頭數為 201,833 頭，綿羊 499 頭，全年屠宰 34,449 頭。

（五）家禽事業

　　臺灣農村普遍飼養之家禽以雞、鴨（包括菜鴨、番鴨與土番鴨）、鵝及火雞為主。在光復之初期，一般以家庭副業性質飼養，飼養隻數不多，嗣後經政府輔導推廣，由國外引進優良品種（專用種）繁殖，在各縣市設置養雞示範村，並舉辦飼養管理訓練班，致使飼養隻數年有增加，奠定家禽事業之基礎。

　　在家禽中以雞最重要，自民國 51 年以後大規模養雞場陸續出現，民間種雞場自國外引進優良蛋用與肉用種雞，供繁殖雛雞，作經濟生產之用；採用企業化經營，引進機械作業設備大量生產，致養雞事業扶搖直上，步入大規模企業化經營之境界，輸入之種雞，除繁殖雛雞供臺灣作經濟生產之飼養外，且亦有將雛雞或蛋雞所產之蛋外銷者。由於國人生活水準提高，由國外進口之白色專用種肉雞，無法滿足國人對雞肉風味之需求，因而自民國 60 年代開始，養雞業者以自選的本地公雞交配進口有色肉雞或蛋雞，或直接以進口有色肉雞雜交生產有色肉雞，即一般所稱之仿土雞，成為肉用雞市場之另一特色，但此種有色雞種，遺傳形質非常複雜，且體型漸趨大型化，又不受消費者歡迎，於民國 70 年代，中、小型之有色肉雞，稱為土雞者，又漸受歡迎。近年來臺灣肉雞市場即有白色肉雞、仿土雞及土雞三種並存，其飼養隻數年有變化，至民國 81 年底之飼養隻數，白色肉雞 18,769 千隻，有色肉雞 41,101 千隻；而蛋雞飼養隻數為 23,961 千隻，年產蛋 4,754,761 千枚。民國 79 年平均每人每年消費之雞肉量為 18.7 公斤，雞蛋 198 枚。

在養鴨方面，臺灣畜產試驗所宜蘭分所，應用北京鴨與臺灣白色菜鴨雜交後，選拔白色後裔，育成白色改鴨，其母鴨與白色公番鴨配種後，可生產白色土番鴨，由於其羽毛色白，價值較高；且其屠宰後，屠體外觀較佳，故甚受市場歡迎，飼養規模亦日漸擴大。於民國 74 年 2 月將選育成功之白色菜鴨命名為宜蘭白鴨──臺畜一號；而將白色改鴨命名為宜蘭改鴨──臺畜十一號。至民國 81 年底鴨之飼養隻數，肉鴨 12,063 千隻，蛋鴨 2,656 千隻。

在養鵝方面，鵝為草食性之禽類，可利用多量之粗料，為農村副業飼養之一種家禽，政府為謀利用臺灣天然資源之草料及粗飼料，於民國 63 年起提倡利用牧草養鵝計畫，並先後自國外引進優良種鵝繁殖推廣。近年來在臺灣畜產試驗所彰化種畜繁殖場之輔導與推廣下，已有較大規模之養鵝場在農村出現。至民國 81 年底鵝之飼養隻數為 2,305 千隻。

在火雞之飼養方面，則仍以農家副業飼養為多，企業化大規模飼養者尚少，至民國 81 年底火雞之飼養隻數為 267 千隻。其他如飼養鴿、鵪鶉、雉雞、珠雞等均為副業飼養。

二、展望

臺灣地狹人稠，可耕地均已開發，且由於人口密度日漸增加，城鄉已向農村擴展，可供畜牧發展之用地日漸減少，更由於環保日益受到重視，致靠近城鄉之畜牧場不得不另覓地點遷移或停止生產；加以臺灣使用於飼養牲畜之飼料原料大部分均仰賴進口，致畜牧產品之生產成本較國外為高；近年臺灣積極尋求加入世界貿易組織 (WTO)，農產品市場的開放和自由化是必然趨勢，以上之種種因素均對國內畜牧事業之發展，影響至鉅。且由種種資料顯示，國人每年每人畜產品之

消費量，除乳類外，無論是肉類、蛋類等產品，均與開發國家接近，未來每人之年消費量再提高有限；另就供給面而言，目前雞及豬除自給，尚有剩餘可供外銷外，其他如牛乳及乳製品、牛羊肉等自給率均低，如民國 79 年乳品之自給率僅 18.93%，牛肉自給率僅 11.5%。另方面，臺灣雖每年進口多量之飼料用雜糧，但尚有許多農業副產物未能充分有效利用，如蔗渣、蔗尾、稻草、鳳梨皮渣、番茄渣、花生藤、豆稈等，如能充分利用，當能降低飼料成本，達到廢物利用之目的；又臺灣海拔 1,000 公尺以下之山坡地，適宜農牧用地者尚多，如能做好水土保持及環境保護，適度開發成為牧場，可達地盡其力，可增產草食畜禽。不過為因應加入 WTO 後，進口畜產品對臺灣畜牧業之衝擊，臺灣畜牧業應不斷調適，往更高層次之技術發展，諸如培育並鼓勵專業畜牧人才，加入畜牧生產事業；以育種技術或生物技術──基因工程改良畜禽之品種，培育抗疾病及抗熱之品種；開發減少人工的自動化設備和管理方式，以解決人工之不足；加強疫病防治及正確衛生管理方法，建立自衛防疾體系，以減低生產過程之損失，並減少藥物殘留；繼續加強研究適合臺灣禽畜營養及其飼養管理技術，提高飼料效率；健全運銷體系，減少運銷費用；研究產品分級、包裝及貯存，以擴大產品銷售，增加附加價值；加強臺灣農作副產物之利用，以降低飼料成本；研究提升廢水及廢棄物處理技術，降低環境汙染等，以提高生產效率，降低生產成本，則畜牧業將能繼續發展。

習題

1.試說明畜牧的意義及範圍。

2.試說明畜牧與農業的關係。

3.中國大陸之黃牛可分哪幾類型？主要產地在哪些地方？

4.試說明臺灣養豬事業發展的情形。

第二章 家　禽

第一節　家禽品種

一、雞的品種

一般雞品種之分類法，可以原產地或用途來分類。

（一）依原產地分類

可分為以下 4 大類：

1. **美洲類 (American class)**

   以北美為其主要原產地，主要包括 13 個品種、31 個變種。著名的品種有蘆花雞 (Plymouth Rock)、洛島紅 (Rhode Island Red)、溫多特 (Wyandotte)、新罕布夏 (New Hampshire) 等。本類之特徵為脛無毛，耳垂為紅色，脛及皮膚為黃色，大部分產褐殼蛋 （Lamonas 及 Hollands 產白殼蛋），以蛋肉兼用種居多。

2. **亞洲類 (Asiatic class)**

   原產地為中國、印度、日本、緬甸、馬來西亞、泰國等。主要的品種有喀欽（九斤黃，Cochin）、狼山雞 (Langshan)、婆羅門 (Brahma) 等，亞洲類之主要特徵為體型大、脛有毛、骨粗、耳垂為紅色，除狼山雞為白色皮膚外，其他均為黃色皮膚，本類雞以肉用為主。

3. 英國類 (English class)

原產地為英國，著名的品種有可尼西 (Cornish)、蘇賽克斯 (Sussex)、奧平頓 (Orpington)、道根 (Dorking)、澳洲黑 (Australorp) 等。本類除可尼西為黃色皮膚外，其他均為白色皮膚，耳垂為紅色，脛無毛，本類雞以肉用為主。

4. 地中海類 (Mediterranea class)

以義大利、西班牙為其主要原產地，著名的品種有來亨雞 (Leghorn)、門諾克 (Minorca)、安得盧遜 (Andalusion)、安科納 (Ancona) 等，包括 7 個品種、23 個變種。本類雞體型小，耳垂白色或乳白色，脛無毛，產白殼蛋，無就巢性，主要為蛋用。

（二）依用途分類

可分為蛋用種、肉用種、蛋肉兼用種及賞玩用種等。

1. 蛋用種

⑴來亨雞 (Leghorn)（彩圖 1）

來亨雞為蛋用種中最優秀者，原產於義大利中部 Leghorn 港地方，自 1840 年經美國引進改良而成如今之形態，目前為世界上飼養最多之產蛋雞種。

本品種有單冠及玫瑰冠 2 種，其變種共有 12 種，其中以單冠白色最為普遍。單冠公者形大直立，上緣呈鋸齒狀，母者至開始產蛋時，單冠即傾斜於一側，耳垂為白色，喙、腳、脛及皮膚為黃色，脛無毛，白色者全身白色羽毛緊貼。

本品種體型小，輕巧活潑，性成熟早，成年公雞體重約 2.7 公斤，母雞約 2.0 公斤，初產日齡為 140～150 日，年平均產蛋數在 220 枚以上，蛋殼白色，蛋重約 55～65 公克，無就巢性，覓食力強，

適應力強，但其缺點為性質敏感，容易受驚嚇，管理上應注意，冠及肉髯大，易受凍傷，肉少且肉質不佳。

(2)門諾克 (Minorca)

原產於西班牙東海岸之門諾克島，係地中海沿岸中最大的雞種，產蛋能力僅次於來亨雞，因其面部有帶紅色者，故又稱為紅面西班牙雞 (Red face Spanish)，於 1780 年經英國輸入予以改良而成。本品種有黑白 2 種，而變種有 5 種，黑色種的肉及皮膚為灰色，白色種則為白色；至於腳趾，黑色種為暗灰近褐色，白色種則為白色，以黑色種飼養最為普遍。本種體型、冠及肉髯較來亨雞為大，冠有單冠及玫瑰冠 2 種，尾部高聳，耳垂為白色，腳、脛長而色呈深青色，皮膚白色，性質溫順，就巢性亦差，較來亨雞晚熟，亦不耐寒，成年公雞體重約 4 公斤，母雞約 3.4 公斤，初產日齡 6～7 個月，產白殼蛋，年產蛋數約為 180～200 枚。

(3)安得盧遜 (Andalusion)（彩圖 2）

原產於西班牙安得盧遜州，為地中海類中最古老的品種，係由英國改良而成者。

本品種之羽毛為藍黑色，狀略似來亨雞，唯體型較大，單冠，公雞頸、背、鞍、肩及覆尾羽呈藍黑色，以頸部之羽色較深，母雞呈暗藍色，肉及皮膚為灰白色，腳趾呈暗藍色，耳垂為白色，面鮮紅，少就巢性，公雞成年體重約 3.2 公斤，母雞約 2.5 公斤。

(4)安科納 (Ancona)（彩圖 3）

原產於義大利，由安科納港輸出而得名，有單冠及玫瑰冠 2 變種。本品種之特徵為耳垂為白色，腳、脛為黃色，形態及性能均類似來亨雞，唯羽毛尖端有一半具 V 型白斑為最大特徵，體羽黑色。公雞成年體重約 2.7 公斤，母雞約 2.0 公斤。

2.肉用種

⑴可尼西 (Cornish)（彩圖 4）

原產於英格蘭南方，由數個鬥雞品種雜交育成，有白色、暗色及白覆輪紅色 3 個變種，目前以白色種飼養較普遍，此白色為後來美國引入顯性白羽基因而育成者。

本品種頭較小，豆冠，胸寬而深，豐滿突出，兩肩特別寬闊，腿粗短，喙、腳、脛及皮膚為黃色，耳垂鮮紅，骨骼粗壯，肌肉結實，胸、腿肌肉特別發達，具鬥雞的外形特徵。公雞成年體重 4.5～5 公斤，母雞 3.5～4.0 公斤，性成熟晚，初產日齡為 8～9 月齡，產褐色蛋，年產蛋數約 80～100 枚。現在多用本品種白色者作為公系，其他雞種如白色蘆花作為母系，雜交生產專用種白色肉雞。

⑵喀欽 (Cochin)（彩圖 5）

原產於中國之中部及北部。

本品種體型大，外觀粗笨，體深稍近圓形，毛鬆，腳、脛有羽毛，體軀的羽毛常垂至踝關節，兩腳亦常被遮蔽，羽色有黃褐、白色、黑色等，單冠，脛、趾皆為黃色，但黑色種則為黑色，皮膚為黃色，蛋殼呈濃褐色，性情溫順，胸肉少為其缺點，年產蛋數約 120～130 枚。

⑶婆羅門 (Brahma)（彩圖 6）

原產於印度，經美國引進予以改良後，遂成今日之肉用雞種。本品種體軀雄大，尾稍垂，腳、脛為黃色有羽毛，皮膚黃色，依羽毛之顏色分為淡、暗 2 種，淡色種較暗色種普遍，脛羽常為白色，有時雜以黑色，蛋殼為濃褐色，冠為豆冠，性情溫馴，晚熟，約於孵化後 9 個月始能產蛋。

⑷狼山雞 (Langshan)（彩圖 7）

本品種產於中國江蘇省南通縣之狼山，於 1872 年輸入英國，美國於 1883 年承認為標準品種。其背短、腳長體高，頭尾高聳，翹立呈 "U" 字形，胸部發達，單冠直立，皮膚白色，腳、脛及趾為黑色，有些雞脛外側有羽毛。本品種性溫順，抗病力及適應力強，公雞成年體重 3.5～4.0 公斤，母雞 2.5～3.0 公斤，晚熟，一般 7～8 個月齡開始產蛋，年產蛋數約 120～160 枚，有黑、白、青 3 個變種，而以黑色種居多。

⑸蘇賽克斯 (Sussex)（彩圖 8）

原產於英國蘇賽克斯郡。

本品種包含若干變種，以淺色蘇賽克斯最著名，單冠，皮膚及脛為白色，蛋殼為褐色，性溫順，產肉性能優異，常用於生產具有白色皮膚之肉雞，公雞成年體重約 4.3 公斤，母雞約 3.4 公斤，初產日齡約 6～7 個月齡，年產蛋數為 130～140 枚。

⑹道根 (Dorking)（彩圖 9）

由蘇賽克斯改良而成為肉用種，因體質虛弱，目前飼養少。

本品種有赤色、銀灰色、白色等 3 變種。單冠或玫瑰冠，體長呈方型，皮膚及肉白色，腿脛短而強，具五趾為其特徵，早熟，蛋殼為白色，公雞成年體重約 3.4 公斤，母雞約 2.7 公斤。

3. 蛋肉兼用種

⑴蘆花雞 (Plymouth Rock)（彩圖 10）

原產於美國。

本品種之變種有 8 種，其中以橫斑 (Barred) 蘆花及白色 (White) 蘆花最有名。白色蘆花羽毛白色；橫斑蘆花羽毛為白色間以黑色的橫斑。單冠，皮膚、腳、脛及喙均為黃色，耳垂紅色，脛無毛，

體軀重大，胸寬，肌肉發達，肉質良好。成年公雞體重約 4.3 公斤，母雞約 3.6 公斤。初產日齡約 6～7 個月齡，蛋殼呈褐色，年產蛋數約 180～200 枚，目前一般白色肉雞，多用白色蘆花雞為母系雜交而成者。

⑵溫多特 (Wyandotte)（彩圖 11）

原產於美國。

本品種具有變種 8 種，其中以白色種最優。玫瑰冠，冠尾細小，耳垂紅色，喙、腳、脛及皮膚均為黃色，脛無毛，體短、廣而深，稍呈圓形，性溫順，肉多質美，公雞成年體重約 3.8 公斤，母雞約 2.9 公斤。初產日齡約 6～7 個月齡，年產蛋數約 140～150 枚。

⑶洛島紅 (Rhode Island Red)（彩圖 12）

原產於美國東海岸之洛島。

本品種具有單冠及玫瑰冠 2 變種，特徵為紅耳朵呈橢圓形，腳、嘴、脛及皮膚均呈黃色，主翼羽及尾羽大部為黑色，全身紅棕色羽甚美麗，脛無毛，性溫順，體呈長方形，強健，有就巢性，公雞成年體重約 3.8 公斤，母雞約 3.0 公斤，初產日齡 6～7 個月齡，蛋殼褐色，年產蛋數約 160～170 枚。

⑷新罕布夏 (New Hampshire)（彩圖 13）

為美國於 1935 年引進洛島紅血統中之淡色系統育成。

本品種特徵為單冠，羽色為櫻桃紅色，耳垂紅色，皮膚黃色，脛無毛，喙、腳、脛均呈黃色，體軀較洛島紅圓，性溫馴，體質強健，發育快，有就巢性，公雞成年體重約 3.8 公斤，母雞約 2.9 公斤，初產日齡約 7 個月齡，蛋殼褐色，年產蛋數約 120～180 枚。

⑸澳洲黑 (Australorp)（彩圖 14）

於澳洲育成。

本品種特徵為單冠，肉垂、耳朵和臉均為紅色，皮膚白色，喙、腳、脛及羽毛均為黑色，適應性強，公雞成年體重約 3.8 公斤，母雞約 2.9 公斤，初產日齡約 6 個月齡，蛋殼褐色，年產蛋 170～190 枚。

⑹奧平頓 (Orpington)（彩圖 15）

計有 4 個變種，其中以黑色最普遍，體形類似蘆花雞，特徵為單冠直立，喙、腳、脛及羽毛均為黑色，皮膚白色，肉質優良，晚熟，公雞成年體重約 4.5 公斤，母雞約 3.6 公斤，初產日齡 7 個月齡以上，蛋殼褐色，年產蛋數約 150 枚。

4. 賞玩用種

其姿態優美，有者以珍奇、叫聲長而亮或以好鬥為人所欣賞如長尾雞（彩圖 16）、長鳴雞、矮雞（彩圖 17）及鬥雞等。

5. 其他

如烏骨雞或稱絹絲雞 (Silky)（彩圖 18），原產中國，主要產區有江西、廣東和福建等省。臺灣近年來飼養數量亦增加，有黑白 2 變種，臺灣飼養者為白色種，其特徵為身體輕小，行動遲緩，頭小頸短，羽毛呈絹絲狀，脛有毛，頭頂有毛冠，喙、臉、冠、肉髯、皮膚、肌肉及骨頭均為黑色，腳及趾為鉛青色，有五趾，肉味佳，體質不強健。公雞成年體重約 1.25～1.5 公斤，母雞約 1.0～1.25 公斤，蛋殼淡褐色，就巢性佳，年產蛋數約 80 枚左右，蛋重 40～42 公克。

二、鴨的品種

（一）肉用種

1. 北京鴨 (Peking Duck)（彩圖 19）

原產中國北京近郊，於 1873 年被引入美國改良而成。

本品種特徵為頭大，眼大，體型大，全身羽毛乳白緊湊，喙及腳、脛為橙黃色至橙紅色，趾蹼呈橙紅色，眼鉛黑色，腳及脛粗短，公鴨尾部有捲曲之性羽，無就巢性，胸部豐滿突起，前胸高舉，後腹部稍向下傾斜，性溫馴，好安靜，發育快，易肥育，屠體脂肪多，屠宰率低，目前臺灣以此種公鴨與母菜鴨雜交生產雜交菜鴨（改鴨）之用。公鴨成年體重約 4.0～5.0 公斤，母鴨約 3.5～4.0 公斤，初產日齡 6～7 個月齡，蛋殼白色，年產蛋數約 150～200 枚不等，蛋重80～85 公克。

2. 番鴨 (Muscovy)（彩圖 20）

原產南美祕魯，與其他的鴨品種在分類學上不同屬。

本品種最大特徵為面部裸處有紅色肉疣，故亦稱紅面鴨，喙尖端為粉紅色，羽毛有墨綠色、白色與黑白斑，黑色種喙、腳、脛黑色，白色種腳脛則為黃色到灰黃色，母鴨就巢性強，番鴨為作為生產雜交肉鴨的父系之用。 公鴨成年體重約 4.0～5.0 公斤， 大型者可達6.0～8.0 公斤，母鴨 2.4～3.0 公斤，初產日齡為 6～7 個月齡，蛋殼呈乾酪色，年產蛋數約 90～110 枚，蛋重約 80 公克。

3. 盧昂鴨 (Rouen Duck)（彩圖 21）

原產於法國北部之盧昂城。

本品種形狀、體態、體軀、大小等都和北京鴨類似，頸細，尾短，

體長厚且重，脛粗短，呈橙褐色，眼為暗褐色，羽色與野鴨頗為相似，公鴨頸濃綠色，頸有約 2 公分之白環，喙黃綠色，背部灰褐色間雜綠色，腹部呈微紅色。母鴨身體各部呈棕褐色。公鴨成年體重約 4.0 公斤，母鴨約 3.6 公斤，蛋殼青綠色、淡綠色、白色不等，年產蛋數約 70～80 枚，蛋重約 75 公克。

4. 愛茲柏立鴨 (Aylesbury Duck)（彩圖 22）

原產於英國，體型略似盧昂鴨。

本品種之特徵為體形長寬而深，呈水平，胸部很發達，全身羽毛白色，喙稍帶桃紅色，脛、腳均橙黃色，性溫順，適應力強，體健。公鴨成年體重約 4.0 公斤，母鴨約 3.6 公斤，年產蛋數約 150 枚，蛋殼白色或淺綠色，蛋重 75 公克。

5. 八福鴨 (Buff Orpington Duck)（彩圖 23）

原產於英國。

本品種之特徵為全身羽毛呈褐黃色，公鴨頭及項上部為深褐色，體軀寬、深而豐滿，體重較北京鴨略輕。

6. 卡咱鴨 (Cayuga Duck)（彩圖 24）

原產於美國卡咱城。

本品種之體型頗似北京鴨，母鴨全身羽毛墨綠色，公鴨羽毛深棕色，腳、脛、趾均為黑色，公鴨成年體重約 3.6 公斤，母鴨約 3.1 公斤。

7. 臺灣商用雜交種

⑴改鴨 (Kaiya)

為公北京鴨與母菜鴨（褐色或白色）之雜交一代。若以公北京鴨與褐色母菜鴨雜交，其後代稱為赤改鴨；如以公北京鴨與白色母菜鴨雜交，其後代稱為白改鴨，已正式命名為宜蘭改鴨──臺畜

十一號 (Ilan kaiya－T. L. R. I. No. 11)。改鴨之體重約 2.4 公斤，年產蛋數約 220～230 枚，蛋重平均 70 公克。

⑵土番鴨 (Mule Duck)（彩圖 25）

為公番鴨與母菜鴨或改鴨雜交之後代，因係屬間雜種不能生殖，故又稱為騾鴨。土番鴨體健，早熟，肉質鮮美，精肉多，屠宰率高。臺灣早期以飼養二品種土番鴨為主，即公番鴨與母菜鴨之雜交體，以黑色番鴨與褐色菜鴨雜交之後代，全身羽毛黑褐色，成熟時頭部有綠色小采，喙、腳及脛為黑色。另有三品種土番鴨，是以公番鴨與母改鴨或宜蘭改鴨雜交而成，臺灣畜產試驗所宜蘭分所（養鴨中心）選育白色菜鴨，生產白色改鴨，進而生產白色土番鴨，提高土番鴨的商品價值。二品種土番鴨 10 週齡體重可達 2.2 公斤出售，三品種土番鴨 10 週齡體重可達 2.7 公斤。

（二）蛋用種

1. 菜鴨 (Tsaiya, Chinese Common Duck)

原產於臺灣華南地區，依羽色又可分為 2 種：

⑴褐色菜鴨

公鴨頭頸羽毛呈暗綠色，頸中部有白圈，主翼羽呈紫綠暗藍，尾部有 4 支黑色捲曲之性羽，背為灰褐色，前胸葡萄栗色，後胸腹部為灰色，喙為黃褐帶綠色，腳、脛為橙黃色，母鴨全身為淺褐色，羽毛中央有黑條紋。公鴨成年體重 1.2 公斤，母鴨約 1.3～1.5 公斤，初產日齡約為 5 個月，年產蛋數 250 枚以上，蛋殼深綠色、淺綠色或白色不等，蛋重約 65 公克。

⑵白色菜鴨

是由褐色菜鴨族群中，經交配、分離及選拔固定為白色羽毛，為

褐色菜鴨之一變種。白菜鴨俗稱香鴨。白菜鴨育種之目的，主要為提高羽毛價值及提高土番鴨之屠體品質。

臺灣於民國 74 年 2 月 8 日將選育成功的白色菜鴨正式命名為宜蘭白鴨──臺畜一號。

2. **印度跑鴨 (Indian Runner Duck)（彩圖 26）**

原產於印度，於 1850 年由英國改良而成，有灰白、白、深灰 3 種羽色。

本品種之特徵為前胸飽滿，體軀長、窄，上身直立，體軀頗似企鵝形態，白色種腳、脛及趾呈橙紅色，灰色種則呈深灰色，體型輕，動作敏捷，步伐迅速，覓食性強，體健，適應力強，公鴨成年體重約 2.0 公斤，母鴨約 1.8 公斤，年產蛋數約 250～300 枚。

3. **陸地鴨 (Khaki Campbell Duck)（彩圖 27）**

於英國育成，係由母印度跑鴨與盧昂公鴨雜交，再與公野鴨雜交而成。

本品種之特徵為體軀高大，頸細短而直，胸部飽滿，羽毛為淺褐黃色或綠青銅色，腳、喙呈暗橘紅色，適合陸地飼養，所以稱為陸地鴨，但不耐粗飼。公鴨成年體重約 2.8 公斤，母鴨約 2.0～2.3 公斤，初產日齡 4～6 個月齡，年產蛋數約 300 枚，蛋殼白色，蛋重 70 公克左右。

三、鵝的品種

（一）輕型種

1. **中國鵝 (Chinese Goose)（彩圖 28）**

原產於中國，依羽毛顏色分為白色和褐色 2 個變種。

本品種之特徵為上喙基部靠近頭部有角質瘤冠，呈球狀突起，頸細長，胸圓，背向後傾斜。白色中國鵝的喙、脛及瘤冠均為橙黃色，趾蹼呈橙紅色，羽毛白色。褐色中國鵝，喙及瘤冠為深青色，脛與足蹼為暗褐色，胸腹淺灰色或白色。公鵝成年體重約 5.0 公斤，母鵝約 4.0 公斤，年產蛋數約 40～60 枚，蛋重約 160 克。

2. 白羅曼鵝 (White Roman Goose)（彩圖 29）

原產於義大利。

本品種之特徵為全身羽毛白色，喙、脛、趾及蹼均為橙紅色，體型中等，性活潑，生長快，適宜放牧。公鵝成年體重約 5.4 公斤，母鵝約 4.5 公斤，年產蛋數約 50～60 枚。

3. 加拿大鵝 (Canadian Goose)（彩圖 30）

本品種之特徵為外貌類似雁，羽毛灰色，胸部較淺，下腹、腿、後軀為白色，喙、眼、頭、頸及尾均為黑色，但臉兩側有白斑，頭長似蛇頭。公鵝成年體重約 6.0 公斤，母鵝約 5.0 公斤。

4. 埃及鵝 (Egyptian Goose)（彩圖 31）

本品種特徵為外貌類似野雁，體上有複色羽毛，頭部灰色，眼四周具淺紅褐色斑，頸部有黑色毛環，背部灰色並有白色羽毛，尾部黑色，喙淡紅紫色，脛淡橙色。公鵝成年體重約 2.5 公斤，母鵝約 2.0 公斤。

（二）中型種

1. 塞把拖鋪鵝 (Sebastopol Goose)（彩圖 32）

本品種以捲羽出名的白色鵝，頭大、頸長中等、背短、胸部豐滿，喙及腳、脛為橙紅色，公鵝成年體重約 6.4 公斤，母鵝約 5.4 公斤。

2. **美洲淺黃色鵝 (American Buff Goose)（彩圖 33）**

本品種羽色以淺黃為基色，頭大小中等，背部稍凹，胸部豐滿、寬廣，腿部豐滿。公鵝成年體重約 8.2 公斤，母鵝約 7.3 公斤。

（三）重型種

1. **愛姆登鵝 (Embden Goose)（彩圖 34）**

原產於德國愛姆登地方，輸入英國改良而成。

本品種羽毛白色，喙、脛、趾及蹼均為橙紅色，體強健，適應力強，體大、腹部甚發達、生長快，屠宰率高。公鵝成年體重約 9.0 公斤，母鵝約 8.0 公斤，年產蛋數約 40～50 枚。

2. **土魯斯鵝 (Toulouse Goose)（彩圖 35）**

原產於法國南部土魯斯城。

本品種之特徵羽毛在背部呈深灰色，向前胸漸褪為淺灰色，到腹部則為白色。喙、脛、趾及蹼均為深橙紅色，喉間有喉袋，胸骨突出，下腹垂下，脛短而有力，行走時腹部常觸及地面，動作遲緩不宜放牧，體型為所有品種中最大者，公鵝成年體重約 13.0 公斤，母鵝約 10.0 公斤，年產蛋數約 20～35 枚，蛋重約 180 公克。

3. **非洲鵝 (African Goose)（彩圖 36）**

本品種毛色與中國鵝褐色品系相似，翅膀及背部呈灰褐色，胸腹以下為淺灰褐色，有角質瘤冠，瘤冠為黑色，喉部有喉袋，喙黑色，脛、趾及蹼為橙紅色。公鵝成年體重約 9.0 公斤，母鵝約 8.0 公斤，年產蛋數約 30 枚。

四、火雞的品種

1. 寬胸青銅色火雞 (Broad Breasted Bronze Turkey)（彩圖 37）

為火雞中體型最大者，體軀深廣，胸肌豐滿，步伐穩健，發育快速，全身羽毛黑色，在肩及翼羽上帶有青銅色，尾羽末端為黑白相間的橫斑。本品種之缺點為繁殖率較差，公火雞成年體重約 18～19 公斤，母火雞約 10.0 公斤。

2. 貝爾茨維爾小型白火雞 (Beltsville Small White Turkey)（彩圖 38）

在美國育成，體型小，生長快，適合一般家庭人口之消費。

本品種之特徵為全身羽毛白色，脛、趾淡紅色，胸寬而豐滿，體軀細長，步伐輕快、敏捷。公火雞成年體重約 11.0 公斤，母火雞約 6.0 公斤，年產蛋數約 100 枚。

3. 青銅色火雞 (Bronze Turkey)（彩圖 39）

原產於美洲。

本品種羽毛黑色具青銅色光澤，尾、翼尖端為白色，主翼羽與副翼羽有黑白相間之條斑，喙的尖端為白色，基部較深，肉髯紅色，變色時呈淺藍色，體質強健，性情活潑，生長迅速。成年體重，公火雞約 16.0 公斤，母火雞約 9.0 公斤，年產蛋數約 50～60 枚，蛋重約 75～80 公克。

4. 白色荷蘭火雞 (White Holland Turkey)（彩圖 40）

原產於荷蘭，羽毛白色，喙為淡紅色，肉質良好，細嫩多汁。成年體重，公火雞約 12.0 公斤，母火雞約 8.0 公斤。

習題

1. 雞的品種依據產地分類可分為哪幾類？並說明各類的特徵。

2. 試說明白色來亨雞外觀的特徵及其性能。

3. 試說明北京鴨外觀的特徵及其性能。

4. 試說明番鴨外觀的特徵及其性能。

5. 何謂三品種土番鴨？

6. 何謂改鴨？

7. 試說明中國鵝與非洲鵝外觀的特徵。

8. 試說明白羅曼鵝外觀的特徵及其性能。

9. 試說明印度跑鴨外觀的特徵及其性能。

10. 試說明貝爾茨維爾小型白火雞外觀的特徵及其性能。

實習一

家禽的品種識別

一、學習目標

在學習本實習後應能：

　1.依據各家禽外觀形態與特徵，能說出其品種名稱。

　2.能說出目前供經濟生產用各家禽品種的形態與特徵。

　3.由家禽品種識別中，培養敏銳的觀察力。

二、使用的設備與材料

各家禽品種之實物、投影片、模型、標本或圖表等。

三、學習活動

使用各種設備與材料，說明及討論各不同家禽品種之特徵。現今普遍應用之品種或變種，其特徵列表如下：

▶表 2-1　現今普遍應用之雞品種或變種

品種或變種	羽毛顏色	耳垂顏色	皮膚顏色	皮下顏色	冠型	性成熟時體重（公斤）		蛋殼顏色
						公	母	
白色來亨雞	白色	白色	黃色	白色	單冠	2.7	2.0	白色
白色蘆花雞	白色	紅色	黃色	白色	單冠	4.3	3.6	褐色
新罕布夏	紅色	紅色	黃色	淡黃色	單冠	3.8	2.9	褐色
白色可尼西	白色	紅色	黃色	白色	豆冠	4.5	3.6	褐色
深色可尼西	綠黑色	紅色	黃色	深青色	豆冠	4.5	3.6	褐色
洛島紅	紅色	紅色	黃色	淡黃色	單冠	3.8	3.0	褐色
橫斑蘆花雞	黑色橫斑	紅色	黃色	青石色	單冠	3.9	2.8	褐色
淺色蘇賽克斯雞	黑白色	紅色	白色	白色	單冠	4.3	3.4	褐色
淺色婆羅門雞	黑白色	紅色	黃色	白色	豆冠	4.5	3.6	褐色
澳洲黑	黑色	紅色	白色	黑色	單冠	3.8	2.9	淡褐色

▶表 2–2 各重要鴨品種、原產地、主要特徵與性成熟時體重

品種或變種	原產地	品種特徵	性成熟時體重（公斤）	
			公	母
北京鴨	中國	全身羽裝為乳白色，皮膚黃色，喙橙黃色，趾蹼均呈橙紅色，肉味佳，為肉用種。	4.0～5.0	3.5～4.0
盧昂鴨	法國	體態與北京鴨類似，頸細、尾短、脛短粗，呈橙褐色，喙黃綠色，尖端黑色。	4.0	3.6
跑鴨	印度	共有 3 個變種，各變種特徵如下： (1)翼弓與翼閂為淺黃褐色，主次翼羽為白色，脛為橙紅色，喙為黃到黃綠色。 (2)羽毛為純白色，脛為橙紅色，喙為黃色。 (3)主次翼羽為白色，頸上 2/3 部分為白色並延伸狹圈至眼，脛為橙紅色，喙為黃到黃綠色。	2.0	1.8
陸地鴨	歐洲	產蛋性能佳，喙、脛為暗橘紅色。	2.8	2.0
菜鴨 (1)褐色 (2)白色	臺灣	產卵性能特佳。 (1)公頸羽呈暗綠色，喙黃褐帶綠色；母全身淺褐色，喙褐色或黑色。 (2)全身羽毛白色，喙及脛蹼呈橙黃色。	1.2	1.5
番鴨 (1) Colored (2) White (3) Blue	南美洲	頭及面半赤裸部分為紅色粗糙肉質之皮膚，3 個變種之其他特徵為： (1)羽毛為有光澤墨綠色，腳脛為黑到灰黃色，喙為黑色。 (2)羽毛為白色，腳脛黃到灰黃色，喙為粉紅色。 (3)除了翼弓與翼閂外均為藍色，喙為粉紅色。	5.5	2.5

▶表 2–3 各重要鵝品種、原產地、主要特徵與性成熟時體重

品種	原產地	品種特徵	性成熟時體重（公斤）	
			公	母
土魯斯鵝	法國	背部羽毛深灰色、胸部羽毛淺灰色有白邊，腹部白色，喙為深橙紅色，脛與趾為深橘紅色，喉間有垂皮（喉袋）。	13.0	10.0
愛姆登鵝	德國	全體羽毛白色，趾脛為橙紅色，生長迅速，性成熟早。肥育性良好。	11.8	9.1
中國鵝	中國	有褐色及白色 2 變種，不論雌雄上嘴基部均有角質瘤冠，性成熟早，年產蛋量 40～60 枚。	5.0	4.0
非洲鵝	–	頭上有一瘤冠，顎下有喉袋，頭羽毛淺棕色，翅背為灰褐色，頸、胸與腹側淺灰褐色、喙與瘤冠為黑色，脛、足為橙紅色。	9.0	8.0
埃及鵝	埃及	腿長，體小，似野雁，供觀賞用，腹部羽毛為灰色與白色相混兼具少許白、紅、褐、黃色羽毛。	2.5	2.0
加拿大鵝	加拿大	外觀似野雁，羽毛灰色，胸部較淺，下腹、腿、後軀為白色，眼、喙、頭、頸、尾均為黑色，不具經濟價值，成對配種，產蛋量少，性成熟遲。	6.0	5.0
塞把拖鋪鵝	南歐	白色觀賞用鵝，背與側主羽、次羽、尾羽長而彎曲又多，體下部羽毛短而彎曲。	6.4	5.4
美洲淺黃色鵝	美洲	羽毛、背部灰色，胸部淡黃色，體下部之近乎白色。	8.2	7.3
白羅曼鵝	義大利	生長迅速，肉質佳、全身羽毛純白，脛、趾足均橙紅色。	5.4	4.5

▶表 2-4　各重要火雞品種或變種之育成地與特徵

品種或變種	育成地	羽毛顏色	脛顏色	蛋殼顏色	性成熟時體重（公斤）	
					公	母
大型青銅色火雞	英國、美國	青銅色	暗藍色	褐色斑點	16.0	9.0
大型白色火雞	美國	白色	淡紅色	褐色斑點	15.5	8.5
中型白色火雞	美國	白色	淡紅色	褐色斑點	13.0	7.0
貝爾茨維爾小型白火雞	美國	白色	淡紅色	褐色斑點	11.0	6.0
白色荷蘭火雞	荷蘭	白色	淡紅色	褐色斑點	12.0	8.0

第二節　家禽遺傳與育種

一、遺傳常識

（一）形質 (characters)

　　所謂形質，乃指體形、羽色、產卵性、肥滿性等之各樣形態與性質而言，家禽的形質有二，一為形態的性質，二為經濟的形質，形態的性質如羽色、冠形等較不受環境之影響，但經濟的形質，如成長速度、產卵性能等受飼養管理等各種條件之影響較顯著。

（二）染色體 (chromosome)

　　生物體為細胞所構成，此類細胞均含有一個核，核為細胞質等所包裹著，在核裡有著各種大小不同以及種種形狀的染色體，一般成對（大小形狀相似），此種成對的染色體稱為同型染色體。

染色體的數目，按諸生物種類而有一定數目，大多數的鳥類為39～41對，雞的同型染色體為38對，雄者另有2個性染色體，合計為78個，雌者僅有一個性染色體，合計之則只有77個。鵪鶉亦為78，鵝80，鴿80，火雞80，鴨82，番鴨80。

（三）配偶子 (gamete)

細胞每因分裂而起增殖，此種分裂可分為(1)體細胞分裂(2)成熟分裂2種，若為體細胞分裂，於其分裂的前後，該細胞核內的染色體是不變的，但若為成熟分裂，其分裂之結果，每一對同型染色體之單條，便要分居各別的細胞內，故其染色體的數目，僅為分裂前之半數，此稱為減數分裂 (reduction division)，且係在產生性細胞時所發生者，此種性細胞稱為配偶子。

（四）基因 (gene)

形質的遺傳係受一種遺傳質所支配，然而此種遺傳質，主要係受遺傳因子或稱基因之作用所影響，相同遺傳因子在1對染色體上，每一基因有每一基因的作用。

（五）遺傳的法則

1.優劣（顯隱）法則

當玫瑰冠雞與單冠雞交配時，若雙方均為純種，則其子代不顯現單冠，全部為玫瑰冠。此種僅現一方的形質者稱為優劣法則，亦即完全顯現的一方為優性，另一方為劣性。

例如：

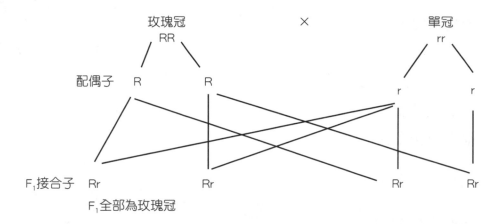

2. 分離法則

由玫瑰冠雞與單冠雞交配，所生玫瑰冠的子代互相交配時，其下一代會形成 75% 為玫瑰冠，25% 為單冠，這樣 F_1 的子代 (F_2) 所具優性劣性兩項形質分離成為 3:1，故稱為分離法則。

例如：

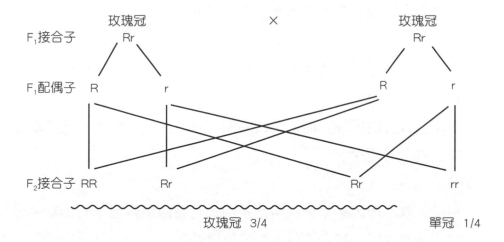

3. 純粹法則

在交配過程中 2 個遺傳因子如上述，本質上雖雙方交雜但不受任何影響，遺傳因子乃純粹的確保下去，故稱為純粹法則。

4.獨立法則

遺傳因子雖為 2 對以上，但各對間不生關係而保持獨立遺傳下去時，稱為獨立法則，例如冠形與羽色雖為 2 對遺傳因子，但羽色與冠形二者成為各別獨立而遺傳下去的，相互之間並無一些關係，故稱為獨立法則。

（六）法則的例外

1.優劣法則的例外

⑴不完全遺傳

安得盧遜雞的羽毛之所以為灰色，因其本身乃自黑色與白色 2 種異型接合體所產生，當同一代的灰色羽毛一度交配時，其次代將分離而成為黑 1 灰 2 白 1 之型態，此種異型接合體共同存在於一個體時，雖有優性者亦不能將劣性者完全抑制住，結果將出現優劣均有之中間性來，此稱為不完全遺傳。

⑵部分優性

例如黑色的母喀欽矮雞與白色的公來亨雞交配，其一代雜種的羽色，將為黑白相間如碁石者，此種情形，乃由黑白相間二色各自發出其部分的優性，而把後代的羽毛變成白羽與黑羽，此種現象稱之為部分優性。

⑶等位遺傳

由於某種遺傳因子本無優劣之差別，乃將兩遺傳因子的形質平等地遺傳於其下一代者，稱之為等位遺傳。

2.獨立法則的例外

此種例外，係出自連鎖遺傳，若論遺傳質本來是獨立的，但於某一遺傳質，其中 2 個因子間，曾經起著密切之連繫，此情形當遺傳時，

恆有相互不易離開者，例如玫瑰冠之溫多特，常出現短腳者，然而非玫瑰冠者則不曾有。因此可知玫瑰冠與短腳二者之間，必有什麼相連繫者，此可解釋為上述 2 個因子是位於同一染色體上，所以當該細胞分裂時，各自不起分離，亦可稱為其分離率不高。

（七）變異 (mutation)

自同一親代所生的子代應該相似，但亦有不同者，此種情形稱為變異。

變異有 2 種：⑴為不同因子型而起變異者，此為具有遺傳性者，⑵為因子型雖相同，然因環境的不同而起變異者，屬於無遺傳性者。

（八）性連遺傳或伴性遺傳 (sex linked inheritance)

以橫斑公蘆花與母洛島紅（或其他著色種以及劣性白色種）交配，其 F_1 全部為橫斑，F_2 的比例則為著色母 1，橫斑母 1，橫斑公 2。若將公母二方作逆的交配時，F_1 之公為橫斑，母為著色者，至於 F_2 則公母二方將發生橫斑及著色各占同數，此現象乃顯示橫斑遺傳基因含於性染色體，像這種與性相連而起的遺傳稱之為性連遺傳。其遺傳方式如下所示：

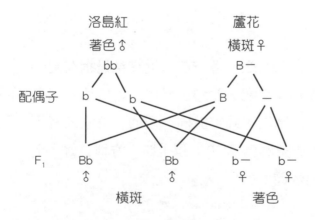

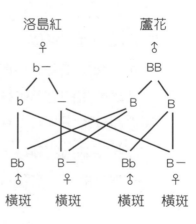

二、家禽育種的意義

　　育種乃基於遺傳學的原理，根據遺傳法則，選擇優良家禽，將其優良性狀的遺傳基因傳於子代，使子代成一種理想的個體，加以保存利用。亦即研究如何育成優良新品種家禽之意。

　　欲達育種的目的，必須結合遺傳、生理、飼養、解剖、發生、生化、家禽鑑別及生物統計等科學之知識，方能達成。

三、育種的方法

　　育種的方法，大致可分作「純種育種」與「雜交育種」。所謂純種育種是指在同一品種或品系之間，二者的交配；所謂雜交育種者乃指不同品種、品系、家系等的交配，其目的乃在利用其所具之雜種優勢而作出生產實用的新品種。

（一）純種育種 (pure breeding)

1.近親育種 (inbreeding)

其目的是在使優良形質（基因）獲快速之固定和剔除不良的基因，故以血緣關係接近者為其交配的對象。為形質固定上不可或缺的一種交配方法。

⑴強度的近親育種

此種交配主要為作成「近交系」之一種方法。近交系是指在同一父母所生的兄弟姊妹間作相互交配，並經三代以上之接續，而把它在經濟上具有重要形質的基因，固定於同一型的一群家禽者，但此項基因的純度，至少要認為已達 50% 以上時，方稱良好，至於強度的近親育種有下列數種：

①全兄妹交配：為同一父母所生的兄妹間之交配屬之。

②半兄妹交配：指父或母之間有一為共同之親所生的兄妹互相交配者。

③親子交配（反交配）：父女或母子的交配方法屬之。

⑵中庸程度的近親育種

為避免強度近親育種之容易發生弊害，而又儘量使其具有經濟的形質獲溫和程度的保存，多用此方法。例如從兄妹間的交配者均屬之。

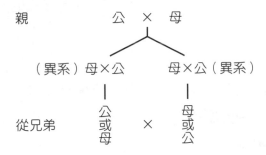

2.系統育種 (line breeding)

此育種方法是指先在某家禽集團裡，從中選其具有優異資質的個體，復經 5 個世代以上實行「內交配」（指血緣接近之母與公作交配者）得優良形質「系統」家禽，並儘量使那優良形質集積起來，而使不至於消失者，稱之為系統育種。

3.異型雜交 (outcrossing)

本育種法是用同一品種或內種，以其中兩個體至少 4～6 代無血緣關係相互交配者，如此可產生新的基因組合，增加個體之生產能力。

（二）雜交育種 (cross breeding)

雜交育種為不同品種或不同品系間的雜交。

1.品種間雜交

是 2 種具有某些特殊性狀的不同品種間雜交，此種雜交方式可獲得雜交優勢，例如以白色可尼西公雞與白色蘆花母雞交配生產商用肉雞，其生長快速且飼料效率良好。

2.品系間雜交

在同一品種內不同品系間的雜交，以期發現優良的交配組合，在白色來亨雞使用相當普遍。

3.近交系間雜交

為 2 個近交系間之雜交，例如近交系白來亨公雞與近交系白來亨母雞間之交配。不過因做成近交系的費用相當龐大，故以前述 2 種雜交方法為育種重點。

四、家禽育種的選拔方法

為確保品質良好的後裔，需選拔優良的種禽，方能容易達成育種的目的，其選拔方法可分以下數種：

（一）外貌鑑別法

此法為依據種禽的外貌，如健康情形、體型結構及品種特徵等標準行選拔與淘汰，以選擇優良的種禽。例如產蛋雞可由外貌來鑑別為多產雞或寡產雞。

（二）個體選拔法

以個體的表現型為選拔標準，將其中優良者，作個體的選拔，稱之為個體選拔法。一般遺傳率在中度 (0.4) 以上者，採用個體選拔法，可得滿意的結果，至於對下一代的遺傳改良量，則以下列方程式作為計算的基準。

$$\Delta G = (\overline{X_1} - \overline{X})h^2 = Sdh^2$$

ΔG：遺傳改良量

$\overline{X}$：原本集團的平均值

$\overline{X_1}$：選拔集團的平均值

h^2：其形質的遺傳率

Sd：選拔差 $(\overline{X_1} - \overline{X})$

今若對某一雞群改良著重點，是以其蛋重為對象時，假設 $X = 55$ g，$X_1 = 58$ g，$h^2 = 0.6$，則其下一代所表現於蛋重的改良量，當為 $\Delta G = (58 - 55) \times 0.6 = 1.8$，也就是說其後代的平均蛋重，將比其親代多 1.8 g，亦即為 $55 + 1.8 = 56.8$ g，此在體重或蛋重遺傳率高的形質，可利用此種方法作選拔。但有些性狀，特別是經濟性狀，如產蛋率、生存率等，因受到多個基因及環境之影響，遺傳率不高，單以個體選拔法，較難獲得理想結果。

（三）家族選拔法

以家族的平均能力作為選拔依據，稱之為家族選拔法。若為低遺傳率形質者，其表型雖佳良，即欲作個體選拔，因環境影響大，選拔的效果低，此時若改用全姊妹、半姊妹為家族以內個體群的平均能力作選拔，可藉各個體間所受環境良否之影響，容易產生相互克制的作

用，而使家族之遺傳率所表現的正確度較強，故對如生存率、孵化率等形質之遺傳率低的選拔多採用此法，公禽無法求得的性狀，亦可由家族平均來加以估算。在家族選拔法中，又可分為家族間選拔和家族內選拔，家族間選拔以家族平均為標準，來選取整個家族，而不去注意每個家族內的個體。家族內選拔則相反，忽視家族間的平均差異，而在各家族內選拔優良的個體。

（四）聯合或混合選拔法

將個體的能力與家族的平均能力二者聯合起來而作個體的選拔，稱之為混合選拔法。此種選拔法，以其遺傳率的大小是屬中等者進行，亦即被用作為產蛋數、初產日齡等的有效選拔方法之一。

（五）後裔測定

將各待選的種禽交配之後代能力的平均值，作為親代能力推定的標準之方法，稱為後裔測定。例如選拔種公雞的產蛋能力及就巢性等，可由其女兒之資料推估。

雞的經濟形質中其遺傳率之大小如下：

形質	遺傳率大小	平均	遺傳率的高低位別
⑴蛋重	0.46～0.74	0.55	高位
⑵體重	0.3～0.75	0.45	高位
⑶初年度產蛋數	0.16～0.47	0.31	中位
⑷初產日齡（性成熟）	0.12～0.45	0.26	中位
⑸產蛋強度	0.22	0.22	中位
⑹冬季休產性	0.06	0.06	低位
⑺孵化率	0.16	0.16	低位
⑻生存率（強健性）	0.08～0.14	0.11	低位

習題

1.何謂形質？

2.何謂優劣法則？

3.試列舉雞、鴨、鵝及火雞之染色體數目。

4.試說明家禽育種之各種選拔方法。

5.何謂近親育種？

第三節　家禽人工授精

　　所謂家禽人工授精，乃以人工方法收集公禽的精液，再以適當的器具將精液注入母禽的生殖道內，使母禽所排出的卵受精，以代替自然交配者稱之。

　　家禽人工授精的研究，開始於 1930 年代，首先於雞研究成功，但在家禽育種上的應用，以火雞及鴨最普遍。火雞因長期選育大體型及寬胸，公母體重相差懸殊，造成自然配種的困難，受精率低，必須仰賴人工授精來繁殖。 鴨的人工授精在臺灣普遍用於生產三品種土番鴨。

一、家禽應用人工授精的優點

1.公禽、母禽體型差異懸殊或屬間雜交亦可配種

　　公禽、母禽之間因體型差異大，在自然配種下，受精率很差或無法配種時，可以利用人工授精來提高受精率。例如寬胸火雞在長期選育後，公母體型差異大，而且公火雞因為選拔後胸肌極度發達的結果，引起公火雞之性慾減低及無法自然配種的現象，又如土番鴨因為利用番鴨作為父系，北京鴨與菜鴨之雜交一代作為母系，因番鴨與北京鴨、菜鴨為不同屬且體型差異大，自然配種困難，均需仰賴人工授精。

2.增加公禽的利用率

　　使用人工授精可減少公禽飼養的數目，增加公禽的利用率。例如北京鴨在自然配種時，公母比約為 1：5，但使用人工授精時，公母比

可提高為 1：30 左右，增加公鴨的利用性，減少維持公禽的成本。

3.籠飼法飼養家禽亦可配種

利用籠飼法飼養家禽時，不但省工且可改善孵化率，並可減少賴抱性和疾病的發生。而在籠飼法飼養家禽的情況下，必須使用人工授精來完成配種。

4.可在短時間內完成後裔測定及增加特定公禽的繁殖

後裔測定及特定公禽的繁殖，可以藉人工授精使之在短時間內完成。同時也可以在短距離內，將精液運送到另一種禽場所配種，使同一公禽的配種範圍加大，增加特定公禽的後裔數量。

5.提高母禽配種機率

人工授精可以使每隻母禽皆有受精的機會，在選種時較為有利。例如鵝的配種行為，往往是 1 隻公鵝只喜歡與固定的 1 隻母鵝配種，至多是 2 至 3 隻母鵝，人工授精則無此種缺點。

6.授精頻度可自由調整

人工授精的授精頻度可自由調整，因此具季節性繁殖的家禽，可以在某些季節或特殊情況下受精率降低時，增加授精次數，以便提高受精率。

7.輪流配種時較為省時

在輪流配種制度下，人工授精與自然配種比較，可縮短更換公禽所需間斷的天數，因為只要連續兩天使用下一隻公禽的精液，實施人工授精，就可增加其受精機會。

8.幫助公禽早期選拔及提高受精率

精液品質的檢查，可以作為配種前選擇公禽的參考，同時可以使用混合精液，亦可彌補一些精液品質較差的公禽，使全群的受精率提高。

9.使用冷藏或冷凍精液可保存優良基因

未來人工授精技術的改進，精液的稀釋、低溫或冷凍保存的技術發展，可使某些具特殊性狀的公禽，其精液藉長期或短期貯存起來，更可使某些公禽的精液能作長途的運輸，達到改良某些經濟性狀的目的。

二、公禽生殖器官及其精液特性

公禽生殖器官包括睪丸、副睪丸及輸精管，公雞的生殖系統如圖2-1所示。公禽的睪丸位於背部之腹腔內，在背脊兩側靠近腎臟前半部及肺後側之處。精液之製造在睪丸及輸精管內完成。精液貯存於輸精管內。輸精管有兩條，左右側各一，呈迂曲狀，陸禽類如雞、火雞及雉雞的輸精管末端即為通於泄殖腔的勃起性乳頭（圖2-2）。在採精時，用手按摩公禽，乳頭就會腫脹且突起。水禽類如鴨及鵝則有長而呈螺旋狀的陰莖，輸精管之開口處位於泄殖腔陰莖根部，射精時精液會由此處沿著陰莖上的精液溝而流下（圖2-3）。

家禽的陰莖由其發達之情形可分為3類：

1.陰莖發達者：如鴨及鵝等之水禽類。

2.陰莖退化僅殘留痕跡（突起）者：如雞、火雞及雉雞等。

3.陰莖完全退化消失者：如鴿子。

在按摩採精時，泄殖腔處的部分組織會勃起，且在射精時會分泌出透明的淋巴液，採精時應儘量避免採到這種液體，否則會使精液中精子濃度下降。

家禽精子的形狀，如圖2-4所示。雞、鴨、鵝及火雞的精子形狀皆相似，但是寬度及長度有些許差異。

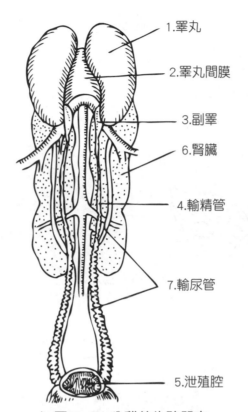

▶圖 2–1　公雞的生殖器官

（轉摘自加藤嘉太郎，1983。家畜の解剖と生理）

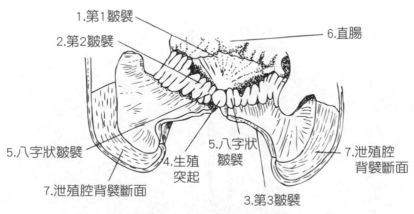

▶圖 2–2　雞退化交尾器

（轉摘自加藤嘉太郎，1983。家畜の解剖と生理）

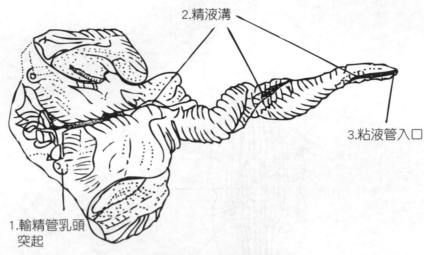

2.精液溝

3.粘液管入口

1.輸精管乳頭
　突起

▶圖 2-3　鴨之陰莖

（轉摘自加藤嘉太郎，1983。家畜の解剖と生理）

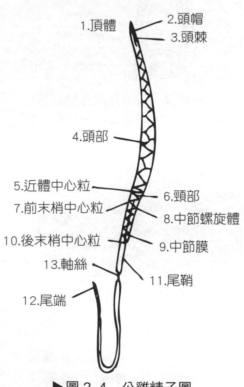

1.頂體

2.頭帽

3.頭棘

4.頭部

5.近體中心粒

6.頸部

7.前末梢中心粒

8.中節螺旋體

10.後末梢中心粒

9.中節膜

13.軸絲

11.尾鞘

12.尾端

▶圖 2-4　公雞精子圖

（摘自：Sturkie, 1986. *Avian Physiology*）

　　精液量隨家禽品種而有所差異。表 2–5 中顯示出不同品種公禽的精液量。即使同一品種間不同公禽個體的精液量亦有所不同，選拔似乎有改進精液量的效果。精液品質可由外觀加以判斷，精子濃度高的精液呈乳白色，精子濃度低的精液較稀呈略透明的顏色，呈黃色的精液，尤其是火雞的精液通常有這種情形，這是有問題的精液，不宜使用。一般現場操作時，由精液顏色就可以判定品質，但是如受精率不佳的情形，則應以實驗室的方法鑑定之，鑑定應包括活力測定、精液濃度及畸形精子比率等。

▶表 2–5　不同家禽的精液量及其濃度

	肉雞品種	蛋雞品種		火雞	番鴨	北京鴨	菜鴨	鵝
		輕型	重型					
平均精液量 (cc)	0.35	0.15	0.2	0.56	1.2	0.5	0.3	0.52
精液濃度 (10^9/cc)	5.7	5.0	5.0	8.0	2.0	4.0	7.0	0.25

轉摘自戴與劉，1985。畜牧要覽家禽篇，p.74。

三、母禽生殖器官及授精量、授精頻率

　　母禽生殖器官包括卵巢、輸卵管、泄殖腔。母雞的生殖器官如圖 2–5 所示。母禽在正常情形下，僅左側卵巢及輸卵管具有功能，此與哺乳動物不同。

　　當母禽在產蛋期時，其輸卵管對精子最有利，因此母禽個體在產蛋高峰時，其受精率也最高。就人工授精而言，母禽剛產蛋時，輸卵管是接受精子的最佳時間。

　　當精液注入陰道後，精子會游到陰道與子宮交接處的管狀囊內貯存起來，然後有一小部分的精子游到輸卵管上方的另一個貯存位置、即喇叭管與蛋白分泌部交接處，卵的受精作用即發生在此處。

　　各種家禽的平均受精率持續時間如下：雞 12 天，火雞 22 天，鴨 8～9 天，鵝 6 天。

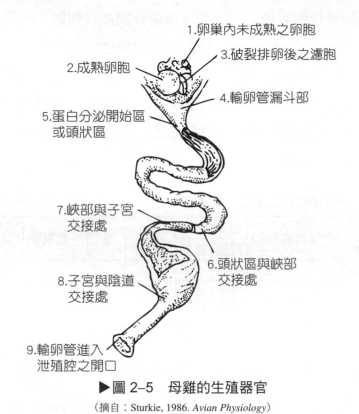

1.卵巢內未成熟之卵胞
3.破裂排卵後之濾胞
2.成熟卵胞
4.輸卵管漏斗部
5.蛋白分泌開始區或頭狀區
7.峽部與子宮交接處
8.子宮與陰道交接處
6.頭狀區與峽部交接處
9.輸卵管進入泄殖腔之開口

▶圖 2-5　母雞的生殖器官

（摘自：Sturkie, 1986. *Avian Physiology*）

　　表 2-6 列示各種家禽的適當授精量及授精頻率建議表。

　　火雞及北京鴨的精液非常粘稠，不加稀釋易沾在授精器上，降低注入量致影響受精，故以稀釋後使用為宜。

▶表 2-6　各種家禽的適當授精量及授精頻率建議表 *

品種	未稀釋之精液		稀釋精液							
	授精量[1]	頻率[2]	立刻使用			保存後使用			
			倍數[3]	用量	頻率	時間	倍數	用量	頻率
雞	0.03	7	1：1	0.045	7	24 小時	1：1	0.06	7
土雞	0.025	14	1：1	0.025	14	5 小時	1：3	0.06	14
番鴨♂×菜鴨♀	0.04	3							
北京鴨♂×菜鴨♀			1：1	0.03	4				
鵝	0.05	6							

* 本表中之各項建議指品質優良之精液而言，如果品質較差時，應增加授精量及縮短授精間隔。
(1)單位：mL/ 隻
(2)單位：兩次授精之間隔天數
(3)精液：稀釋液
資料來源：轉摘自戴與劉，1985。畜牧要覽家禽篇，p.82。

四、家禽的人工授精方法

　　家禽的採精方法可分為截取法、按摩法、電刺激法和假陰道法，目前以按摩法最廣泛應用。

（一）雞的人工授精

1.採精

(1)公雞之採精，一人或雙人均可採精，如由一人採精，採精者可蹲下或坐下，並將公雞兩腳夾於膝蓋間，以公雞頭部朝右放好，左手持精液管收集之，如由雙人操作，一個人用兩手固定公雞兩腿，以自然寬度分開，使雞頭向後，尾部朝向採精者，另一人採精。

(2)先清除泄殖腔附近的羽毛，以減少汙染精液的機會。

(3)採精者用右手沿公雞背鞍部向尾羽方向輕輕按摩，另一隻手可以輕輕地觸摸其腹部、向尾部方向按摩，背鞍部的按摩常使公雞尾部翹起來。

⑷當公雞有性反射時，操作者會感覺到公雞的兩腳稍微變硬而直，尾部更明顯地豎立起來。

⑸繼續按摩就會使泄殖腔內的生殖突起豎起，此時必須立刻以右手拇指與食指跨在泄殖腔的上側，輕輕壓擠已經腫脹的精管乳頭使精液射出，並以另一手持採精杯或收集管收集之。

2.授精

⑴母雞由籠中抓出後的外翻方法

①一人以右手固定母雞的雙腳，母雞的頭部朝下，尾部面向操作者。

②用左手拇指與其餘手指置於泄殖腔的兩側柔軟部位，用一巧力下壓，同時左掌斜向上推，即可使陰道翻出。

③授精者將授精器前端細管插入陰道內深約 2.5 公分，並利用針筒或吹氣橡皮管將精液緩慢注入陰道內。

④抓住母雞者，此時須放鬆壓力，使精液能留在陰道深部，然後授精者將細管抽出完成授精。

⑵如果籠子設計可允許直接在籠內操作人工授精，則其操作方法如下：

①一人將母雞的兩腳以一手抓住，並將兩腳拉出門外，使母雞頭朝內，腹部靠在門上。

②另一手施壓力於左腹近泄殖腔處，並用指頭協助拉緊泄殖腔附近的皮膚使陰道口翻出。

③授精者注入精液後，放鬆壓力並放回籠內。

（二）鴨的人工授精

依臺灣畜產試驗所宜蘭分所，推廣採用的方法說明如下：

1. 採精

公鴨的採精依品種不同，採精方式亦有差異。

(1)公番鴨的採精

①公番鴨的採精為利用正在產蛋期中的母番鴨誘發其自然騎乘而採精。

②番鴨必須先單獨關入籠內隔離 1 週，並且先予以訓練 1～2 週，每週採 2～3 次。採精前先將公鴨肛門附近的羽毛剪乾淨。

③採精時先找一隻產蛋期中的母番鴨供作試情母鴨。可以手輕壓其頭部或背部，母鴨會安靜蹲下者，即可供作試情母鴨。

④將母鴨放入公鴨的籠內，訓練良好的公鴨隨即會咬住母鴨頭部羽毛，並開始騎乘。

⑤採精者可以靠近籠子，並協助公鴨站穩於母鴨背上，再以右手按摩泄殖腔上方之薦坐骨周圍。

⑥採精者此時可觸得公鴨陰莖勃起，尾部左右擺動，此時採精者可用另一手將採精器之開口靠近泄殖腔部位準備接住射出的精液。

⑦精液隨著陰莖的精液溝流下，採精者用採精器接住流下的精液，並注意有無透明液體或尿液同時排出，如有上述情形則應避免將採精器直立而使透明液及尿液流入精液內汙染精液。

⑧拿採精器的斜度要適宜，使透明液或尿液留在採精器漸凹陷處，並注意底部開口要朝上以免精液流出。

⑨番鴨的精液較為稀薄，可以直接倒入精液貯存用之試管內，並置於冰水中冷藏。

(2)北京鴨的採精

①採精時需利用採精架來固定試情母鴨，採精架可以木板釘成。

先將試情母鴨（產蛋期中的母番鴨或是無法採得精液的公鴨）的兩腳用繩子綁好，置於採精架上。

②採精時由兩人操作，一位固定公鴨及按摩背部，另一位則按摩腹部近泄殖腔部位及收集精液。

③固定公鴨者以一手將公鴨的嘴部固定於試情母鴨的頭部，使公鴨蹲於試情母鴨之上，並面向固定者，另一手則輕輕按摩公鴨頸部與背部連接處。若無採精架時，可以母番鴨讓其騎乘而採精。

④採精者左手持收集精液用之採精瓶，右手按摩公鴨泄殖腔的上方薦坐骨部位，此時公鴨會用嘴咬住母鴨頭部羽毛，約 3～5 分鐘即見公鴨尾羽翹起並左右搖動，同時陰莖在泄殖腔內勃起，以右手按捏泄殖腔之周圍，將陰莖用力擠出，以左手持採精瓶收集，精液將沿著陰莖的精液溝流下，自尖端滴下而流到採精瓶內。

⑤由於北京鴨或菜鴨之精液較濃而粘稠，很容易沾在採精器的玻璃表面上，可以用少許稀釋液將其沖下，再以吸管取出精液，但需注意不可過分稀釋，也要注意避免糞尿之汙染。

(3)菜鴨的採精

①可如上述之北京鴨採精方式，將公鴨固定駕乘於試情母鴨身上採精。

②菜鴨因體型輕巧，亦可單人操作採精，左手持採精瓶並固定公鴨雙腳。

③以右手輕快地在公鴨背部按摩，並按摩泄殖腔上方的薦坐骨部位，待公鴨陰莖在泄殖腔內勃起時，再以右手按捏泄殖腔兩旁，將陰莖用力擠出，左手持採精瓶收集精液。

2.授精

母鴨人工授精時，不可直接將精液注入泄殖腔，需將母鴨的生殖道
翻出後再予以注入精液。

⑴母鴨陰道外翻法

①由於母鴨生殖道外翻時，通常會擠出一些糞便，為避免糞便的
汙染，工作者應穿上塑膠圍裙。

②將母鴨群趕至屋角，以竹籬圍住，或是關在籠子內的母鴨則抓
出籠外。

③抓鴨時以左手握母鴨頭頸往上提，再以右手接住母鴨兩腳，中
指插入母鴨兩腿之間。

④先將鴨之糞便擠出，應注意泄殖腔開口向地面以免噴到他人，
糞便擠出後再將鴨頭向後，以右手肘夾住，鴨背貼緊操作者右
腹部。

⑤右手指抓緊鴨腹，使腹部擠向泄殖腔處呈圓凸形狀，左手心將
母鴨尾部往後壓，食指與大拇指擠壓泄殖腔口，生殖道即外翻，
直腸因受壓力而同時翻出。然後將母鴨提成水平，翻出之生殖
道朝向注精者。

⑵授精方法

①授精者之右手拿注精器，左手拿裝精液之玻璃管和沾生理食鹽
水之棉花。

②右手之注精器與鴨體成直角之方向朝母鴨陰道直線插入。

③插入後再朝水平方向將生殖道推入泄殖腔內，直至注精管之細
尖部分完全埋入鴨體（約 3～4 公分）時，再將精液注入。

④當注精者注入精液時，助手之右手將腹部放鬆，母鴨兩腿分開，
注精管插入後，讓生殖道回縮，俟肛門恢復原狀後再放開母鴨。

五、精液的保存與稀釋

在室溫下的精液，由於精子代謝很強烈，能量消耗迅速，容易因乳酸累積而改變精子生存環境的 pH 值，導致某些酶的活性被抑制，因而使精子喪失其受精能力甚至死亡。如使用稀釋液稀釋精液並保存於較低的溫度 (2～5 ℃)，給予精子適宜環境，降低代謝率，可保持精子的受精率。

（一）低溫保存

家禽精液的短期貯存溫度，根據使用的稀釋液而有不同。以雞為例，如果貯存時間在 45 分鐘以內，則在 5～25 ℃ 下，不會顯著地影響受精率，但是 2 小時以上時，保存溫度以 5 ℃ 以內為宜。

（二）超低溫冷凍保存

此為作成冷凍精液，利用液態氮於零下 196 ℃ 超低溫保存的方法，可作較長時間的貯存，雖然目前已有一些冷凍方法用來保存家禽的精液，但是因為並非每一隻公禽的精液抗凍能力都一樣，故其效果不一。一般說來，精液的超低溫冷凍保存對精子的傷害，都是發生在冷凍的過程（或解凍過程），而非保存期限的長短。

（三）精液的稀釋

1.精液稀釋的益處

⑴可增加授精母禽數。

⑵當運輸到其他地點，作人工授精時，稀釋後其貯存時間可較久。

(3)某些具特殊價值的公禽要充分利用，而其精液量又很少時，必須加以稀釋。

(4)濃度高的精液（如北京鴨或火雞），稀釋才方便收集及人工授精的操作。在合理的稀釋倍數下，使用同量的精子數，稀釋精液反而比未稀釋的要好。

　　如果精液馬上使用不作保存和運輸，為提供更多的母禽授精，此時可選用一些簡單的稀釋液，例如生理食鹽水、5.7% 葡萄糖液、蛋黃－葡萄糖液（每 100 mL 新鮮蛋黃 1.5 mL 葡萄糖 4.25 g）。如此稀釋的精液應儘快在短時間內用完。

　　表 2-7 列示雞精液之稀釋液配方例。

▶表 2-7　雞精液之稀釋液配方例

成分及使用條件	含量
氯化鈉 (NaCl)	0.8 g
TES*	1.374 g
1 M 氫氧化鈉溶液 (1 M NaOH solution)	2.75 mL
葡萄糖 (Glucose)	0.6 g
抗生素** (Antibiotics)	0.1 mL
見大黴素 (Gentamycin)	20 mg
蒸餾水 (Distilled Water)	上述藥品混合後加蒸餾水配成 100 mL
稀釋比例（精液：稀釋液）	1：1
pH 值	調整為 7.4
授精量（mL/ 隻）	0.02～0.04（每 5～7 天授精一次） 夏季依精液品質而提升授精量至 0.1 mL

資料來源：吳明哲，1992。家畜禽人工生殖技術，p.131。
*N-tris [hydroxymethyl] methyl-2-aminoethane sulfonic acid
** 鏈黴素 0.25 g 加盤尼西林 0.3 g 加無菌水配成 5 mL 使用。

2.稀釋步驟

⑴僅用品質優良的精液稀釋使用。

⑵儘量減少精液與玻璃管或橡皮管接觸面積，以免造成物理傷害，也勿使精液直接曬到太陽或灰塵汙染。

⑶稀釋液的溫度混合前應與精液的溫度相似。

⑷先將稀釋液放入一試管中，再加入適量的精液小心地混合，勿使之起泡。輕輕轉動試管，或以細玻棒混合之。

⑸將稀釋過的精液放入冷藏箱中，公雞精液以 3～5 ℃ 冷藏，公鴨精液以 5 ℃，公火雞精液則以 15 ℃ 為宜，使之慢慢冷卻至此一溫度。

⑹使用前取出使回復至室溫，再以上述方法混合均勻，儘快使用。

習題

1. 何謂家禽人工授精？

2. 試說明家禽應用人工授精的優點為何？

3. 試說明家禽的陰莖，依其發達之情形可分為哪 3 類？

4. 試說明雞人工採精的方法。

5. 試說明公番鴨人工採精的方法。

6. 試說明北京鴨人工採精的方法。

7. 試說明菜鴨人工採精的方法。

8. 試說明母鴨陰道外翻的方法。

9. 試說明精液稀釋的益處。

10. 試說明精液稀釋的步驟。

實習二
雞的採精與授精

一、學習目標

在學習本實習後應能：

1.正確的選擇種公母雞。

2.正確的實施採精要領。

3.正確的使用授精器具。

4.正確的實施授精要領。

5.培養對家禽人工授精學習興趣。

二、使用的設備與材料

成熟的公母雞各若干隻，精液收集管、小漏斗及授精器（刻度容量 1 mL 之注射筒）等。

三、學習活動

1.學習內容參照教材中之說明。

2.以 2 人操作法（1 人固定、1 人採精或授精）。

3.採精後立刻進行授精。

4.每次精液注入量為 0.02～0.03 mL。

四、學後評量

1. 10 分鐘內可完成採精且操作正確者為及格。

2. 5 分鐘內可完成授精 4 隻母雞且操作正確者為及格。

第四節　孵化與孵化場經營

一、種蛋的選擇

凡用於供孵化用的蛋稱為種蛋。種蛋品質不良不但會影響孵化率，而且關係未來初生雛的品質。種蛋品質包括蛋殼與蛋內容物情形。種蛋的選擇要領如下：

（一）來源

種蛋必須來自高產及健康無病的種禽。

（二）受精

唯有受精蛋才能孵出雛雞，例如母雞群當於開始收集蛋之至少 3 天以前，置入公雞，公母比例要適當；如以人工授精，須於生蛋以後 1 小時至次一生蛋前 4 小時的期間內完成。

（三）蛋的大小

種蛋的重量，因品種不同而異，一般而言，肉用種雞蛋平均蛋重 55～60 公克、鴨蛋及火雞蛋 80～100 公克、小型鵝 130～150 公克、大型鵝 180～200 公克的受精蛋，其孵化率最高。過大的蛋常為雙黃蛋，過小的蛋孵出的雛太小，均不宜作為種蛋。一般初生雛體重約為蛋重的 60～65%。

（四）蛋內部的品質

蛋內如有大血斑，氣室不在鈍端，氣室散漫者，其孵化率差；蛋白與蛋黃之體積比為 2：1 者，孵化率最佳。

（五）蛋的形狀

蛋形（長徑對短徑）以 0.72 者，其孵化率最佳。

（六）蛋殼的品質

蛋殼為保護蛋的外殼，蛋殼厚度要適度，質地要均勻細緻，如有裂隙、蛋殼粗糙或過薄、蛋形不整者，其孵化率均不良。

（七）蛋殼的顏色

應具備品種的顏色，褐色蛋殼者以深色者為佳。

（八）蛋殼清潔度

蛋殼必須清潔，無糞便或破損液汙染，否則孵化率不佳。

二、種蛋的保存與貯藏

種蛋須待收集至一定數目與孵化器容量相當後，始可置入孵化器內孵化。孵化前的種蛋可先經燻煙消毒後，隨即存放於貯蛋室內冷藏，室內空氣須流動良好，貯存期間在 5 天以內者，溫度維持於 18.3 °C（65 °F），相對溼度 75～80%。如無特製的貯蛋室，則可在室內較陰涼之處裝置一蛋櫃，櫃內分為若干級，安置蛋盤，供置放種蛋之用。種蛋貯存的日數，如在適溫與適溼下，可貯存 7 天，孵化率尚無影響，

但貯存日數增加，孵化率將逐漸低落。貯存期在 5 天以上，則溫度以 10～13 ℃ (50～55 ℉) 為宜，相對溼度以 75～80% 為理想。種蛋貯藏時應將鈍端朝上，把長軸取 45 度置放。貯存期在 1 週以內者，可不必轉動蛋，否則每日須轉動 1 次，種蛋貯藏中要防蛋殼受塵埃之附著，避免日光直射，保持通風、換氣良好。

三、種蛋的衛生

（一）種蛋的微生物汙染

　　種蛋在產下經輸卵管及泄殖腔時，蛋殼容易被汙染而有微生物存在，另方面，種蛋產下後因細菌很快就在蛋殼表面上迅速生長增殖，故種蛋在產蛋箱中放置愈久，受細菌汙染的情況愈嚴重。種雞舍內之墊料狀況，亦影響種蛋的衛生，如舍內地面不潔，則由母雞之腳帶入產蛋箱而汙染種蛋，故禽舍地面使用墊料地面或鐵絲網地面，種蛋受細菌汙染的程度不同。收蛋人員不乾淨的手及髒的蛋盤等，亦為種蛋汙染來源之一。

（二）種蛋品質的維護

1.種蛋的收集

收集種蛋為保持種蛋品質之一項重要工作，收集種蛋時間是距離種蛋產下時間愈短愈好，此可減少種蛋被汙染。在正常的氣候條件下，每天最好收集 4 次，但在酷熱或嚴寒的天氣則應增加次數。種蛋不可留置在巢內過夜，次日再收集，如此會使種蛋的孵化率下降，例如蛋殼有防止細菌侵入蛋內的功能，但放置巢內太久，其防菌功能

消失。又如氣候溫度太高或太低，對胚胎有不良影響，胚胎於氣溫 23.9 °C (75 °F) 下，即開始發育。

2. 種蛋的燻煙消毒

種蛋在孵化前燻煙消毒，對蛋殼表面微生物的控制具有良好效果，消毒之實施在種蛋生下後時間愈短愈有效。燻煙的方法為將瓷質或陶質容器置於能密閉的燻煙消毒區域內，先放入過錳酸鉀，再加入福馬林，此 2 種藥劑混合後，會立即產生褐紫色的甲醛氣體。種蛋產下後，應用 3 倍 (3x) 濃度燻煙 20 分鐘，約可殺死棕殼蛋蛋殼上細菌的 97.5～99.5%，及白殼蛋蛋殼上細菌的 95～98.5%。此差異可能是因棕殼蛋的角質層較厚，可吸收較多的甲醛氣體所致。福馬林燻煙的濃度是以 100 立方呎 （2.83 立方公尺） 之空間中，使用 40 mL 的福馬林與 20 g 的過錳酸鉀所產生之甲醛濃度，訂為 1 倍濃度 (1x)。各種濃度所需之藥量列如表 2–8 所示。燻煙消毒區內的溫度維持在 23.9 °C (75 °F) 及相對溼度在 75% 以上時，消毒的效果最大。各不同情況下所適用的燻煙消毒濃度和時間，列如表 2–9。

▶表 2–8 　每 100 立方呎（2.83 立方公尺）內各種不同作用濃度所需的燻煙消毒藥量

作用濃度	過錳酸鉀	福馬林
1x	20 g	40 mL
2x	40 g	80 mL
3x	60 g	120 mL
5x	100 g	200 mL

▶表 2-9　各孵化區域所適用的燻煙消毒濃度和消毒時間

消毒區域	適用濃度	消毒時間	中和劑（氫氧化銨）
1.集蛋後種蛋的消毒	3x	20 分鐘	無
2.入孵第一天內種蛋的消毒	2x	20 分鐘	無
3.發生機內雛雞的消毒	1x	3 分鐘	有
4.孵化機（種蛋移出後）	1x；2x	30 分鐘	無
5.發生機（出雛後）	3x	30 分鐘	無
6.發生室、選雛室的消毒	3x	30 分鐘	無
7.洗滌室的消毒	3x	30 分鐘	無
8.雛雞盒、墊料的消毒	3x	30 分鐘	無
9.運輸卡車的消毒	5x	20 分鐘	有

四、孵化器的基本設備

此設備乃提供最適宜之孵化環境而設計，其主要設備如下：

（一）機體

可分孵化機 (setter) 及發生機 (hatcher) 2 部分。

（二）熱源及溫度控制裝置

最普遍的熱源為電源，溫度控制裝置大多採用自動控制設備，而使孵化器內溫度維持於固定之範圍。

（三）溼度控制裝置

最進步的設備為完全自動增溼器，以水蒸氣或霧狀形式提供溼氣，調節溼度裝置可控制相對溼度於任何所需的百分比。若沒有自動裝置，可於蛋架下方與發生盤下方置放水盤，由水盤的多寡來控制孵

化器內相對溼度，亦可得到滿意的效果。

（四）換氣裝置

孵化器內裝有風扇，配合孵化器內的開口，使孵化器內保持一定的通氣量，而提供新鮮空氣。

（五）轉蛋裝置

目前均採自動裝置，於固定之時間間隔轉動 1 次，如無自動轉動者，可採人工轉蛋。

（六）蛋盤與蛋盤架

上層放蛋的淺盤為孵化盤，每盤依大小可分數列。下層淺的四方箱稱為發生盤。大型孵化器的孵化與發生分開為獨立的 2 個系統。

（七）警報裝置

當溫度偏離所設定的溫度時，則會鳴笛警報。

五、孵化作業

自種蛋放進孵化器而迄於雛出生之時止，此期間所從事的作業，通稱孵化作業；此作業之適否影響初生雛的活力至鉅。茲將逐項作業的技術與其應行注意各點，分述如下：

（一）孵化器的整備

進蛋之前應對孵化器作細微不漏的檢點與不使遺落一個缺點而予

以整理完備後，方可開始進蛋與運轉，一經進蛋，最短亦需 3 週方能告一段落，一般幾乎多作整年間不斷的運轉，因此於此作業中，如發生細微的故障，損害之大可想而知，故於進蛋前 3 日，至少要作 1 次試運轉，使對孵化器內各部之機械事前熟知。

1. 檢查溫度計

溫度計猶如孵蛋的生命，所以對它應十分注意。溫度計應使用經國家檢定過之物，必須多準備 2～3 支，雖說其為檢定品，亦可能多少有誤差，故對此誤差應事前十分清楚，誤差可能達 2 度者，不能使用，最好以不差為原則，即使有差錯亦以最多不超過 0.05% 之範圍方可。

2. 溫度調節器的檢驗

溫度調節器本來具有自動調節的功能，其精確與否影響孵化率之優劣至鉅，所以為孵化器設備品中最重要的部分。溫度調節器的調整，儘量使其固定在 100 °F，其精確度應在 99.5 °F 和 100.5 °F 二者之間來回，若較此鈍感者，則須立即更換。

3. 空氣攪拌板（回轉數）的檢查

在孵化器內附有電熱源，為使器內空氣達到均勻，空氣攪拌板不斷地在蛋盤上之周圍回轉，適度的回轉，1 分鐘大抵以 120～150 次為限。要測定其回轉數是否正確，可將 1 枚硬紙片按壓在其回轉板上部的一端，藉著該端之紙片打出的聲音而計其 1 分鐘的回轉數。

（二）進蛋

由貯蛋室移出之蛋，應置於 21 °C 室溫下預溫，然後放入蛋盤，將種蛋很小心慢慢地排放在蛋盤上，使鈍端朝上 45 度傾斜，亦有將鈍

端朝上直立者。進蛋前應將種蛋入蛋時之月、日、品種系統、個體號碼和其他必要的事項一一標明。

（三）孵化的溫度

1.孵化期

37.5～37.8 °C (99.5～100 °F) 之間。

2.發生期

36.1～37.2 °C (97～99 °F) 之間。

因為孵化的最適溫度只能採用平均數，所以在各種氣候條件、蛋形、蛋的大小等情況下，最適之溫度不同。不管使用任何廠牌的孵化器，孵化之最適溫度都要憑孵化工作者的經驗來修正。在臺灣北、中、南的氣候不盡相同，其孵化之最適溫度亦不同，家禽種類不同其最適溫度亦有差異。

（四）孵化的溼度

一般以相對溼度表示，分別列示如下：

1.孵化期

55～60%。

2.發生期

70～75%。

水禽孵化之溼度較高。

⑴孵化期之前 1/2：60～65%。

⑵孵化期之後 1/2：70～75%。

⑶發生期：75～80%。

（五）換氣

換氣之良否可使用換氣孔的開關來調節，依氣候之溫度調整換氣孔，勿使換氣不良，亦不可過度換氣，能保持孵化器內的空氣品質與大氣相同為佳。

（六）轉（翻）蛋

轉蛋之目的為防胚浮起而與蛋殼膜粘著，其次為使胚胎各部受熱均勻。轉蛋回數為 1 天 4～6 次，轉蛋角度 90 度。雞在孵蛋第 18 天，火雞、鴨在第 24 天，鵝在第 26 天可停止轉蛋。

（七）檢蛋（照蛋）

蛋在孵化過程，由於發育中止及無精蛋等，會把鄰近已發育之蛋的熱度奪去，和因腐敗而發散出有害的氣體，對健康胚有不良的影響，故孵蛋時應定時透視蛋的內容物，將無精蛋、發育中止蛋移去，又對胚的發育狀態、氣室的大小加以檢查，推察孵蛋中的溫度與溼度之適當與否。檢蛋通常是在孵化期間實施 3 次。例如雞蛋孵化之檢蛋第 1 次為進蛋後 4～7 日，第 2 次為進蛋後 12～14 日，第 3 次為進蛋後之第 18 日。第 1 次檢蛋是把無精蛋和發育中止蛋撿出，發育蛋為稍帶有赤色味，自胚出來的血管向四方游走；發育中止蛋為在卵黃附近無放射的血管，且有部分的或全部的現出一個粗大血輪；無精蛋是在卵黃部分稍呈陰暗之外，其他部分差不多為一片通明。第 2 次檢蛋如為發育蛋，其氣室很清楚，而氣室之外則全面皆暗，故二者之界限能明顯區分，近氣室出現粗大血管，胚時時在動；發育中止蛋血管不清楚，其暗黑部分多少放大與氣室的境界亦不大明顯。第 3 次檢蛋如為發育

蛋，其內容幾乎全體現出一團黑，氣室的容積亦見擴大，同時胚已會動，可在氣室和胚的交界處看到，如為死胚則此種運動全看不到。發育胚與發育中止蛋或無精蛋如圖 2-6 所示。立體孵化器一般第 2 次檢蛋可省略。

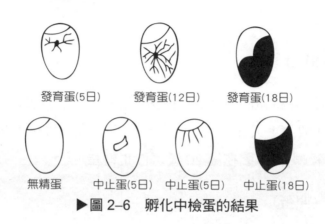

▶圖 2-6　孵化中檢蛋的結果

（八）噴水

蛋殼厚的水禽，其蛋在孵化過程，為散發胚胎熱及促使蛋殼碎化以助胚胎完成啄殼，故要實施噴水。噴水應注意之事項如下：

1. 水溫不可過低，夏季不低於 20 °C，冬季噴溫水 (50 °C)，忌噴冷水。
2. 使蛋之表面溫度降至室溫後始可噴水。
3. 噴水後，應等蛋表面水分完全吹乾後，再關孵化器之門，繼續加溫。
4. 夏季於孵化第 15 天起，冬季第 18 天起開始噴水，夏季每日 2～3 次，於下午及傍晚行之；冬季每日 1 次，於中午行之。

（九）發生準備與雛的取出

若為立體孵化器，於孵化前 3 天（如雞蛋則在進蛋後第 18 天）左

右檢蛋後，發育的種蛋移轉至發生機，此作業稱為發生準備。發生機內的溫度較在孵化機內的溫度稍低 (97～99 °F)。當發生機與孵化機一體時，而溫度為 100 °F 時，則無須特別再加以調整，然而孵化機與發生機彼此分別設立時，則須另作如上之考慮。相對溼度以 70～75% 為適度。孵蛋第 18 天為胚死亡較多的時期，此時期亦可稱為發生準備期。發生一開始，呼吸轉趨旺盛，因此應特別注意換氣，如換氣不良，則雛的發生將不齊一，並致雛的活力不佳。自出雛起至全部雛出齊為止，大約需 10～12 小時，遲者有達 24 小時以上者。雛取出機外後，將發生機加以清潔，並燻煙消毒；雛進行選別，把不良者加以淘汰。

（十）各種禽類的孵化日期

各種禽類的孵化日期列如表 2–10。

▶表 2–10　各種禽類的孵化日期

禽類別	孵化日期（天）
雞	21
菜鴨、北京鴨	28
番鴨	35 (33～35)
土番鴨	29
鵝	29～31
火雞	28
鵪鶉	18 (16～19)
鴿	18 (17～19)
鷓鴣	23
雉雞	23～24
珠雞	26～28
鴕鳥	42
天鵝	35

六、胚的發育中止和死籠

種蛋孵化中常有發育中止和死籠的發生。胚的死亡，可區分為由種蛋本身的原因和孵化操作的失宜。雞蛋孵化中 2 次胚死亡高峰期為：

（一）胚的發育中止（早期死亡）

進蛋後 3～5 日為胚 2 種生理發生變化的時期，如遭遇一些問題立即會造成發育障礙，而至胚死亡。第一為呼吸作用的變化，初期的胚是藉卵黃中的酵素作用行呼吸，但到此時則轉為尿膜呼吸，利用蛋外的氧行呼吸作用；第二為營養吸收的改變，初期的胚乃是利用蛋中的碳水化合物供給營養，此時改利用化學構造複雜的蛋白質和脂肪供給營養。此種新的呼吸作用和營養作用之轉移，如進行不順利時就容易造成胚的死亡。為預防早期死亡，應注意種雞飼料的營養，特別應注意維生素 A、B_2、B_{12} 及 E 等，其次勿使種蛋保存期間過長致胚虛弱，以及保存溫度應適當。在孵化方面，初期的低溫致使死亡率提高、轉蛋回數少、迴轉時間不齊一，亦將增加胚的死亡，轉蛋以儘量能做到相同間隔之迴轉為宜。另外進蛋後 3 日以內，胚對福馬林的感受性甚強，亦為胚死亡的原因。

（二）胚的死籠（後期死亡）

例如雞蛋孵化至第 18～19 日為呼吸作用由尿膜呼吸轉換成肺呼吸的時期，容易受到外界的影響。到了孵化末期，雛的形態幾乎已經完備，頭和腳的位置不正常者成為死籠之情形居多，位置不正，將使頭部遠離氣室，而致呼吸困難死亡。死籠的原因很多，其中主要者為：

1.種蛋本身的原因：由於母雞產蛋疲乏所引起的活力低落、種蛋運輸
　的振動、貯存時間過長、貯存方法失宜、氣候冷熱過激等所致。
2.遺傳的缺陷以及雛白痢等。
3.孵化時操作之失宜：由於溫溼度、換氣不適當，尤其是高溫，可使
　胚後期的死亡增加，低溫則以破殼時死籠增加，其次為當種蛋移入
　發生機（座）時，由於過度冷卻、處理粗暴亦為死籠的原因。

七、孵化器與雛的消毒

　　白血病及雛白痢症等為經蛋傳染的疾病，於孵化時經由絨毛和胎
液等之媒介，造成感染，當白血病與雛白痢症一併發生時，其為害非
常嚴重。因此為了預防經蛋傳染的疾病，孵化器和雛的消毒有其必要
之處。

（一）孵化器的消毒

　　每當孵化結束時或孵化開始至少 1 週前，將蛋盤及孵化器充分水
洗，實施福馬林燻煙消毒，其方法如消毒種蛋之步驟，其藥劑濃度如
表 2-9 所示。如此消毒可使球蟲病、白血病、新城雞瘟、雛白痢症等
獲得預防。

（二）孵化時雛的消毒

　　於多量雛孵化而羽毛未乾時實施，消毒時間為 3 分鐘，燻煙完了
後，立即將發生機的門打開，讓所剩的氣體散出再將雛取出。剛進蛋
後 2～3 日的種蛋，對甲醛氣體有高度的感受性，會引起胚發育的中
止，故如在孵化器內，有此種的種蛋，則以不實施燻煙為宜。

八、影響孵化率的主要原因

所謂孵化率，是指由受精蛋中所孵出的雛數之比率為多少表示，亦有以進蛋數所孵出的雛數作為比率者。影響雞蛋孵化率的主要原因列述如下：

（一）氣溫與季節

孵化率以冬天與春天較好，晚春高於早春，夏天與秋天通常較差。氣溫高於 80 °F 時，孵化率較正常者低約 15～20%，受精率或孵化率最好的季節為春季。在孵化季節裡凡屬產蛋率高的雞隻，其孵化率亦較高。夏季孵化率變低的原因主要是因種雞受了暑熱而活力降低，和種蛋保存溫度過高使進蛋前胚的活力降低，或種蛋保存的溫度過低等關係，致胚活力降低甚至死亡。

（二）產蛋時刻

產蛋的時刻不因午前與午後而使孵化率有大的差異。如嚴格地加以分析則午前所產的蛋似較良好。

（三）蛋殼品質

孵化率最高的是孵蛋中重量減輕最少的蛋，反之孵化率最低者為減重最多的蛋。減重低的蛋之蛋殼較減重高的蛋之蛋殼稍重，即蛋殼品質較好者，其孵化率稍佳。

（四）種蛋的大小

蛋的大小屬遺傳性的，蛋的大小與雛的大小二者之間有很大的相關。一般以中等大（55～65 公克）之種蛋，其孵化率較佳；大的種蛋孵化率不良，孵化日數亦長，小的種蛋孵化率亦差。

（五）蛋的擦拭

以溼布片擦拭過蛋殼表面和未經擦拭者比較，未經擦拭者孵化率較佳，孵化中胚的活動亦較旺盛。

（六）蛋的形狀

較具橢圓形之蛋，其孵化率較高。

（七）低溫保持

種蛋置於 0 ℃ (32 ℉) 下 12～18 小時，孵化率未受影響，但若於 0 ℃ (32 ℉) 下曝放數日，其活力可能消失。將種蛋於 –3 ℃ 下擱置 4 天，則所有胚之中胚葉將停止發育，雖僅置放 12～30 小時，亦會使胚的發育困難，縱使發育亦以畸形居多。

（八）高溫保存

將種蛋保存於 29 ℃ (80 ℉) 下 14 天，其孵化率全失。將受精蛋用溫湯浸漬於 49 ℃ (120 ℉) 下 35 分鐘， 53 ℃ (130 ℉) 下 15 分鐘，59 ℃ (138 ℉) 下 10 分鐘，60 ℃ (140 ℉) 下 5 分鐘等階段，其結果全部均喪失發育能力。

（九）貯藏日數和適溫保存

種蛋經過 1～7 天保存者，孵化率不受影響，但若超出此時日者，其孵化率逐漸降低，保存至 28 日的種蛋，孵化率平均僅達 7.89%。欲使孵化率不低落，在 10～13 ℃ (50～55 ℉) 之貯蛋溫度下，保存 1 週以內為佳。

（十）母雞的營養

攝食缺乏動物性蛋白質的母雞所產下之種蛋，其孵化率不佳。維生素 D、E 對孵化率具重大影響力，同時缺乏維生素 B_1、B_2、B_6、B_{12} 等均將使胚的發育不正常，餵食母雞抗生物質，可稍提高其所產蛋的孵化率。

（十一）運搬振動

粗暴地處理種蛋可能使蛋殼產生裂痕，不但無法作種用，其孵化率亦低。由於種蛋受振動而使氣室異常，引起孵化率低落。

（十二）X 光的照射

受強烈 X 光照射的種蛋，將失去孵化力，但經適度的照射，大約在 250r 者，孵化率反而提高。

（十三）致死形質

即使在孵化設備與種蛋條件均佳的狀況下，於孵化某階段中亦可能發生胚的死亡；又在上述條件下，曾發現雛雞之畸形如：上顎異常、無翼、多腳趾等者，此乃由於遺傳性致死形質所致。雞隻到目前為止，

被發現有致死形質者達 25 種，含有完全致死遺傳因子的種蛋，於胚發育初期即告死亡，有的為不完全致死遺傳因子，其胚在孵化的末期才會死亡，或能成雛，但由於孵化乏力而成死籠，故其孵化率極低。

（十四）近親交配與雜交優勢

提高近親交配的程度，將使孵化率呈低落的傾向，此並非指近交對孵化率有惡劣的影響，應視其近交的族群對胚之發育和孵化是否具有不良遺傳因子而定。雖連續進行近交，如能針對高孵化率不斷地嚴格選拔，其孵化率不致於低落。因近交而導致孵化率低落，可藉著異品種或異系統的雜交而提高其孵化率。一代雜種孵化率之所以提高，乃因顯現雜種優勢性質之故。

（十五）肉塊蛋、血斑蛋

蛋內有肉塊或血斑者，孵化率比正常蛋稍低。血斑蛋可經給予適當的維生素 A 而得某程度之防止，而給予高蛋白質飼料則有增多血斑蛋的現象。

習題

1.試說明種蛋選擇的要點。

2.試說明種蛋的燻煙消毒方法。

3.試說明雞蛋孵化時的適宜溫度。

4.試說明檢蛋的目的。

5.列述各種禽類的孵化日數。

6.試說明孵化期中雞胚2次死亡高峰期分別於何時？其原因為何？

7.試說明影響雞蛋孵化率的主要因素。

實習三
種蛋的選擇與燻煙消毒

一、學習目標

在學習本實習後應能：

1. 説出選擇種蛋的要點。

2. 列述種蛋的條件。

3. 正確的操作種蛋的燻煙消毒。

4. 培養學生對家禽的學習興趣。

二、使用的設備與材料

種蛋 100 枚（一半合格蛋，一半不合格蛋），電子天秤，孵化器或貯蛋箱，消毒燻煙用的容器及藥品、投影片等。

三、學習活動

1. 學習內容參照教材內的説明。

2. 以種蛋供學生選擇，使學生能正確選出合格的種蛋。

3. 將種蛋置於孵化器或貯蛋箱內，供學生進行燻煙消毒，使學生能正確操作種蛋燻煙消毒的方法。

四、學後評量

1. 100 枚種蛋中能正確選出 60 枚以上者為及格。

2. 能正確操作燻煙消毒的步驟者為及格。

實習四
雞蛋的人工孵化

一、學習目標

在學習本實習後應能：

1. 說出孵化器各部位的名稱。

2. 瞭解孵化器的使用方法。

3. 瞭解雞蛋孵化的條件。

4. 檢出孵化中的無精蛋及發育中止蛋。

5. 瞭解雞胚胎在孵化過程的發育情形。

6. 培養學生對家禽研究的興趣。

二、使用的設備與材料

孵化器、孵化中的種蛋、檢蛋器、圖片、投影片等。

三、學習活動

1. 先說明孵化器各部位的名稱。

2. 孵化作業參照教材內的說明。

3. 利用孵化中的種蛋 100 枚及檢蛋器，供學生檢出受精蛋、無精蛋、
發育正常蛋及發育中止蛋。

4. 孵化過程，每日打破一個發育正常蛋，觀察胚胎的發育情形。

四、學後評量

1. 能正確操作孵化器者為及格。

2. 能正確檢出受精蛋與無精蛋 90% 以上者為及格。

3. 能正確檢出發育正常蛋與發育中止蛋 90% 以上者為及格。

第五節　飼養管理

一、肉雞的飼養與管理

　　肉雞具生長速度快、飼養期間短、飼養密度高及飼料效率佳的特性，目前臺灣飼養的肉雞可分為白色肉雞（童子雞）及有色肉雞（仿土雞與土雞），白色肉雞的生長速度較有色肉雞快，飼養期間亦較短，飼料效率亦較佳，一般飼養 6 週體重可達 1.8～2.0 公斤。由於肉雞生長速度快，故極易受環境因素的影響，飼養管理需特別仔細。有色肉雞飼養期間一般為 12～14 週。

（一）肉雞生產計畫

1. 統進統出制度

所謂統進統出制度，乃是在同一棟雞舍或同一場的雞舍在同一時間內，僅飼養同一日齡的雞隻，又在同一日出售。此種飼養制度的優點，為在飼養期間內管理方便，雞出售後可徹底清潔消毒，並可有一段空舍期間，切斷病源的循環感染，此為生產肉雞最常用的制度。

2. 多批育雛

雖以在一雞場中均飼養同日齡的雞隻最為有利，不過如雞場的隔離與疾病控制良好，在同一雞場內可同時飼養不同日齡的雞隻，其成績亦良好，此制度適合經驗豐富的飼養者。

3. 每年飼養的批數

因雞的生長期及介於前後二批雞隻間的期間差異極大，此種差異影響每年可飼養的批數， 通常介於前後二批雞隻間的期間為 7～14

日，此期間稱為 downtime，假如此期間較短，且生長期較短者，則一年內可飼養較多批數。

4.隔離

雞場應隔離，建築物應以圍籬圍繞，每一進出口應加鎖關閉，禁止閒雜人等進出，工作人員、訪客或車輛，應經淋浴、更衣或消毒後，方可進入。

（二）肉雞雞舍

1.開放式雞舍

開放式雞舍的開放程度，視氣候狀況而異，可在雞舍二側開設窗戶，或二側完全開放而設置塑膠布捲簾，如臺灣屬熱帶性氣候，高溫多溼，大都採雞舍二側完全開放的方式，而在寒帶地區則少用開放式雞舍。

2.環境控制雞舍

此種雞舍是完全密閉，可防止光線射入，換氣則依據雞隻的需要量而調節，此種雞舍適合於寒帶地區使用。臺灣亦漸有採用此種雞舍者。

（三）雞隻的飼養方式

1.平飼

目前一般的肉雞均採用此方式飼養，其優點為：(1)設備費用較籠飼者低，(2)日常的飼養管理較容易，(3)雞隻腳的毛病較少，(4)出售後雞舍清潔消毒容易。但其缺點為：(1)雞舍每單位面積所能收容的雞隻數較少，(2)因雞糞存留於雞舍內，易造成環境惡化，(3)在疫苗接種及雞隻出售時耗費勞力，(4)雞隻因與糞便接觸，較易感染球蟲病。

2. **籠飼**

是將雞隻飼養於巴達利 (battery) 籠中，此乃將籠子層疊成數層飼養，
糞便由每籠底下的承糞盤承接，此種飼養方式又稱為立體式飼養，
其優點為：⑴雞舍每單位面積所能收容的雞隻數較多，⑵不易感染
球蟲病，⑶安全衛生，⑷出售時所費勞力較少。但其缺點為：⑴羽
毛生長較差，影響外觀，⑵雞隻腳的毛病較多，⑶設備費較昂貴，
⑷雞隻產生胸疤的比例較高，廢雞較多等。目前除產蛋雞外，肉雞
一般不使用籠式飼養。

（四）雞舍空間

在寒帶或溫帶地區使用環境控制雞舍（無窗雞舍）很理想，但因
設備成本昂貴，在臺灣地區大都使用開放式雞舍，開放式雞舍因通風
及換氣的需要，理想的雞舍寬度為 10 公尺，其長度則視地形的情況而
定。雞舍與雞舍間的距離最好間隔 30 公尺，但在臺灣地狹人稠，寸土
寸金的情況下，很難達到。每隻雞所需的雞舍空間，因出售時雞隻的
大小、雞舍型式、季節與氣候及管理經驗不同而異，每 3.3 平方公尺
（坪）雞舍面積所能收容的雞隻數，開放式雞舍可為 30～35 隻；環境
控制雞舍可增加 50%。

（五）育雛

育雛的良否關係著雛雞的健康，有健康的雛雞才有生產效率高的
肉雞，故育雛工作極為重要。育雛工作的重點是使雛雞在良好的環境
條件下發育成長。

1. 雛雞的品質

飼養健康、高品質的雛雞為肉雞生產成功之開始，確定種雞群的健康狀況，必須為無雛白痢、傷寒、黴漿菌氣囊炎 (MG) 及黴漿菌滑膜炎 (MS)，並對一般病毒性疾病具有良好的移行抗體。白色肉雞的雛雞體重應有 36～38 公克，小型有色肉雞亦應有 28 公克以上、大小一致，雛雞應活潑、靈敏和眼大明亮；脛部皮膚具有光澤；臍部乾平、收縮良好；羽毛豐滿、柔軟有光澤；以手觸摸軀體具有彈力；肛門無汙染物粘著。

2. 育雛設備

(1) 育雛器

育雛器的種類有多種，就其常用者介紹如下：

① 巴達利式（層疊式）育雛器

也就是說使用育雛籠層疊式育雛，通常為五層，每層 120×75 公分，一般熱源採用電源，每一育雛器夏天可容納約 400 隻，冬天約 500 隻。此種育雛器的單位面積所能育雛之數目較多，也容易觀察，供料、給水均較為方便，並可減少球蟲病的感染，但其保溫效果較差，易受斷電的影響，易造成密飼。

② 傘形育雛器

為傘形狀育雛器，以鐵皮製成，目前臺灣使用的相當普遍，熱源利用電熱式或燃燒瓦斯，一般即俗稱為保溫傘。保溫傘的換氣相當良好，可大量飼養，小雞較齊一，但因為在地面飼養，所以易感染球蟲病，以瓦斯為熱源者，如使用不慎易發生火災，若溫度不足，易發生堆擠現象。每一保溫傘夏天可容納雛雞 400 隻，冬天可容納 500 隻。

③立體傘形育雛器（圖 2-7）

　為以上兩者的綜合體，育雛器分為兩部分，上方為育雛傘，下
方為育雛籠，夏天使用效果良好，但冬天常發生保溫不足，故
冬天可於未保溫處，以布遮蓋。

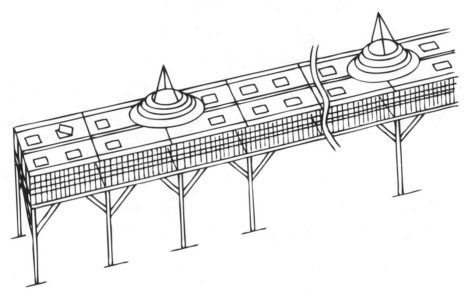

▶圖 2-7　立體傘形育雛器

⑵誘雛燈

　為協助雛雞容易找到飲水、飼料及溫源，可於保溫區域或育雛器
下，懸掛一盞小燈，為期 2～3 天，如此可避免雞群的擁擠與分
散。

⑶育雛護籬

　為使小雞的活動範圍限制於保溫區、飼料槽及飲水槽附近，且可
防止老鼠侵襲，如使用傘形育雛器時，要設置育雛護籬成圓圈，
其材料可用膠片或馬口鐵皮，高度約 40～50 公分，以管理人員容
易跨入之程度為宜。護籬距離保溫傘外緣，於冬季約 76 公分，夏

季約 91 公分，隨著雞齡的增加，依實際需要漸次擴大，因此護籬
應預留長度，在開始時圓圈比較小，多餘部分就重疊在一起，以
後漸漸擴大，滿 2 週齡後即可移去。

(4)飲水器

在進雛前 4 小時，將清潔的飲水放入育雛器，進雛後注意是否每
隻小雞均喝了水，最初 2 週每 100 隻小雞應供給 2 個 4 公升湧泉
式飲水器，每一 500 隻份的育雛器應供應 10 個，有些飼養者在入
雛後之前 2 天，使用裝蛋的塑膠盤代替飲水器，每 100 隻使用 1
個。以後漸改為自動懸吊式飲水器或飲水槽。飲水器供應飲水之
空間，1～2 週齡每隻為 0.5 公分，3～4 週齡 1 公分，5 週齡以後
應有 1.5～2.0 公分，如用自動懸吊式飲水器，則每 1,000 隻雞應
有 7 個，不管使用哪一種飲水器，必須注意調整其高度，使飲水
器邊緣的高度，調整與雞隻站立時背線的高度相等，如此可減少
雞隻濺水弄溼墊料。

(5)飼料槽

初入的雛雞於供給飲水 2～3 小時後，開始教槽，飼料槽可用一淺
盤，高約 2.5～5 公分，也可直接以紙張敷放於熱源下，飼料灑於
其上教槽，經 3～4 天後改用飼料槽，飼料槽種類常用者有槽式飼
料槽、桶式飼料槽及自動給飼器等。籠式育雛者，使用槽式飼料
槽，平飼育雛以使用桶式飼料槽或自動給飼器者為普遍。自動給
飼者則以鏈條式與螺旋輸送懸吊式 2 種較普遍。飼料槽的空間依
小雞的大小而加以調整， 1～14 日齡小雞每隻應有 2.5 公分的空
間，15～42 日齡則每隻應有 4.5 公分，43 日齡以後應有 7.5 公分。
如空間不足易引起雞隻的緊迫、雞群不安、啄羽、啄肛及打鬥的
現象，使雞群的整齊度不佳，尤其土雞性活潑、好鬥，必須供給

充足的飼料槽與水槽之空間，才能期望雞群的整齊度良好。飼料槽與水槽應平均放置，使雞隻步行不超過 3 公尺即能接近為宜。飼料槽的高度與水槽相同，應調整至背線的高度，填充飼料勿超過飼料槽深度的一半以上，鏈條式自動飼料槽調整飼料能蓋住鏈條為度，以減少飼料的浪費。吊桶式飼料槽，每 100 隻雞需使用4 個。

3. 進雛前的準備

(1)育雛設備的消毒

在一批新雛到達以前，必須把育雛場地、器具及給溫設備準備齊全，並徹底清洗消毒。

①育雛舍的清洗消毒

二批育雛之間隔以 2～3 週為理想 ， 這段期間將育雛舍加以清洗，徹底洗刷及消毒。清洗應將地面、牆壁及器具表面汙物完全清除乾淨，如此消毒藥水才能發揮作用。消毒水的種類很多，使用方法也不同，應依照使用方法的說明使用。育雛舍如果能密閉，則可用燻煙消毒法，其方法為每 1 立方公尺空間使用 40毫升的福馬林及 20 克的過錳酸鉀，使產生甲醛氣體，以達消毒之目的，此種化學作用會產生熱，也會侵蝕金屬物質，不可使用玻璃器皿，以免破裂，也不要使用金屬容器，最好使用陶器及瓦罐者為佳，燻煙經 1～2 小時後將門窗打開 ， 使育雛舍通風。

②育雛器具之消毒

所有的育雛器具如保溫傘、飼槽、飲水器等，亦均應清洗乾淨、消毒。小器具能浸漬消毒水者，均經浸漬，再經水洗淨，於烈日下曬乾，然後收容於育雛舍內，燻煙消毒。

(2)墊料

在育雛舍消毒完畢後，即鋪上新的墊料，墊料可使用粗糠、木屑等，必須乾淨無發霉者，溼度約在 25%，太乾燥會引起雞隻的脫水，應鋪 5 公分厚。

(3)溫度

進雛前 24 小時應打開育雛器，測試並調整育雛器內的溫度為 32～35 °C (90～95 °F)，室溫以 21 °C (70 °F) 左右為理想。

(4)飲水

在雛雞到達前 4 小時，即應備妥飲水器裝滿飲水，並放入育雛器下，使其溫度能達室溫，飲水中可添加維生素或抗生素以防止雞隻運送、處理所發生的緊迫。

4. 入雛

預先計算好放在每個保溫傘或育雛器中雛雞的正確數目（密度），肉雞預計的生長大小決定每一隻雞所占的必要面積。

小雞到達雞場後，先給予短暫的安靜時刻，使之略為休息，然後放入育雛器中，首先應注意小雞的活力、健康狀態、檢視死亡率、淘汰不良者，雛雞給予充分的飲水後 3 小時，再給予飼料，應確定所有雛雞均有飲水。在第 1 週須經常巡視雞舍，以確保雞隻飲水及進食正常。

5. 育雛的要素

(1)溫度

三週齡以內的小雞，其體溫調節系統尚未健全，故育雛時的溫度相當重要，因各種育雛器及環境條件不同，育雛的適當溫度很難一概而論，一日齡時一般以在傘罩外 15 公分，離墊料 5 公分處的溫度，以 32 °C (90 °F) 為宜，以後每週降低 2.78 °C (5 °F)，但應

依小雞的健康情況及管理等加以調整。例如小雞打疫苗等有緊迫情況時，育雛器的溫度應稍微提高，在大規模飼養時，可依據小雞的起居生活狀態作為指標，溫度適當時，小雞會平均分散於育雛區，翅膀伸展；溫度太高時，則遠離溫源，張口呼吸、翅膀下垂或張開；反之如果溫度太低時，則小雞集中於溫源區，鳴叫不已，如第二天清晨發現雞隻腳部很髒，汙染糞便，則表示前一晚的溫度太低。如育雛區過度通風，則小雞會集中於育雛區風向的下方。小雞在不同溫度下的分布如圖 2-8 所示。停止保溫時，不能突然停止，需採漸進方式由中午先開始，漸延長不保溫時間。如使用保溫傘，也不可將保溫傘突然移去，應隨著小雞之生長，保溫傘逐漸調高，停止保溫後移去。保溫期間，依季節氣溫的變化而有所不同，臺灣夏天氣溫高，保溫 1 週已可停止保溫，春秋 2 季約為 2 週，冬季則為 3 週或更長。

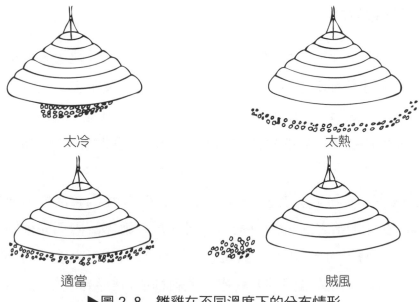

太冷　　　　　　　　　　　　太熱

適當　　　　　　　　　　　　賊風

▶圖 2-8　雛雞在不同溫度下的分布情形

⑵溼度

小雞在育雛階段所需的相對溼度要求，第 1 週為 70～75%，2～4
週為 65%，第 4 週以後因糞便中已含有很多水分，可供應充足的
溼度，在臺灣高溫多溼的情況下，反需考慮如何降低溼度的問題，
舍內溼度太低，小雞的雙腳會呈乾燥現象，小雞的發育亦較差，
但溼度太高，則墊料易潮，致使氨氣濃度上升，易併發呼吸道疾
病，亦會因墊料水分太高引發球蟲病的危險，故如墊料溼度太高
應補充或更換墊料，維持舍內的乾燥。

⑶通風

通風、換氣與保溫會互相衝突，把育雛舍的門窗緊閉並不好，如
換氣不良，將因汙穢空氣易引起呼吸道疾病，故應保持適當的換
氣，如人進入雞舍會有不舒服感，即可能通風、換氣不良。另方
面應防止賊風的侵襲。

（六）餵料與給水

在入雛前 4 小時，備妥飲水於育雛器內，已如前述，入雛後應注
意確定每隻小雞都喝了水，飲水中可添加抗生素及維生素或電解質，
亦可添加 5% 之糖，供飲用 2～3 天，以防止雛雞因運送處理所發生的
緊迫。並可添加 3 ppm 的氯於飲水中，48 小時後即應停止添加氯於飲
水中。

於確定小雞喝了水後 2～3 小時才可餵料，以免因食滯而造成死亡
率增加。在剛開始之 3～4 天，將飼料灑布於育雛護籬內預先鋪好的紙
或淺盤上，每天約 3～4 次，讓雞學習採食，3～4 天之後改用小飼料
槽，4 天後改採用成雞用的飼料槽、飼料桶或自動給飼器。飼料槽更
換時，採逐漸替換方式，並將原有飼料槽移動接近欲替換的飼料槽，

俟雛雞習慣於新飼料槽後，再移去原飼料槽，為使每一隻雞均能採食到其所需的飼料量，必須供給充足的採食空間，採用自由攝食。飼料槽的管理要注意飼料不可裝填過滿，一般不要超過飼料槽深度的一半以上，鏈條式自動飼料槽則調整使飼料蓋住鏈條為度，以免小雞以喙將飼料勾出飼料槽，減少飼料的浪費。每隻雞所需飼料槽的空間如前述。

（七）照明

照明的目的是提供雞隻方便採食，增加飼料採食量，並可防止雞隻因黑暗堆集造成壓死之現象。小雞進入育雛舍後的 48 小時內，應給予 3.5 呎燭光、23 小時的光照，使小雞學習熟悉採食及飲水。於 48 小時後，則將光照降低至 0.5 呎燭光。如過度照明，雞隻會有啄毛、啄肛等之不良習慣，並增加緊迫的發生及飼料效率降低等。照明用的燈泡應經常清潔，更換壞的燈泡，整個雞舍的光照應均勻分布。

（八）剪喙

為預防啄羽癖或肉食癖，減少飼料浪費，增加雞群的整齊度，應實施剪喙，尤其是土雞性好鬥，一般於 9～10 日齡實施較多，也有推薦一日齡施行剪喙者，喙切除的程度，上唇應剪去三分之一，下唇剪去四分之一（圖 2–9）。剪喙的方法有冷剪及熱剪，一般採用熱剪，良好的剪喙可以降低雞的緊迫，並可使喙不會再長出來。在有緊迫的情況下，如預防注射後 1 週內，不可實施剪喙，磺胺劑在剪喙未恢復前，不要使用於飼料或飲水中。為減少剪喙後的緊迫、流血及感染，可於飲水中添加維生素 K 及抗生素。

適當　　　　　　　　　尚可　　　　　　　　角度不正確

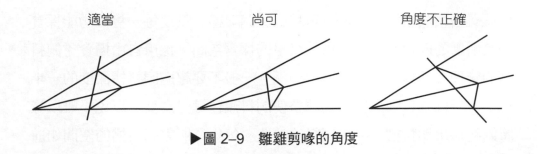

▶圖 2-9　雛雞剪喙的角度

（九）防疫接種

　　為預防疫病的感染，各階段之雞隻必須依照預防注射計畫，進行防疫接種，其實施接種的項目與方法，依各特定地區和個別雞場需要而制定的免疫程序進行。接種的效果必須進行血清抗體力價測定，以確保疫苗有效的發揮作用。免疫程序應定期檢討其適當性，一般防疫接種的方法有點眼、點鼻、皮下或肌肉注射、噴霧及飲水等方法。最常用的方法為飲水法，即是在飲水中加入疫苗，應用此方法時，需徹底清潔飲水系統和器具，注意水源是否含有殺菌劑、清潔劑或氯。為了使疫苗不被水中這些藥劑破壞，在投入疫苗前，可將 110 公克的脫脂奶粉泡入 40 公升的水中，再加入疫苗，這樣可以中和飲水系統中所含的藥劑，延長疫苗的時效。其防疫計畫參考實習七表 2-24 之說明。

（十）球蟲病的防治

　　肉雞的飼養期間短，無足夠的時間，進行球蟲病的免疫計畫，故必須全期在飼料中添加足夠的球蟲病防治藥劑，以抑制球蟲病的發生。

（十一）飼料營養

　　肉雞因生長迅速，飼糧中的蛋白質與能量含量較高。高能量配方有助於增重較經濟，不過適當配方受許多因素之影響，如可利用原料的成本和品質、氣溫、出售的體重和價格等。

　　白色肉雞的營養需要量，資料已相當齊全，表 2-11 和表 2-12 為 NRC (1994) 建議白色肉雞的營養需要量，其能量的推薦量為每公斤飼料 3,200 kcal，此在舒適的環境下可滿足雞隻之需要，但在相同的飼料情況下，如氣溫降低，則雞隻的採食量增加，如氣溫上升，則食慾降低，採食量減少，因此尚需依氣溫不同，適當調整飼料配方。肉雞飼料採食量除受氣溫的影響外，主要受飼料中能量含量的影響，較高的能量含量會降低採食量，提高飼料效率，提早達到上市體重。但最高能量含量的飼料未必最經濟，因增加能量會增加飼料成本，故效果最好的飼料配方，不一定能獲得最大的利潤。故飼料中營養成分的訂定，需由多方面加以考慮。飼料中能量與蛋白質的比例，隨著溫度的改變及雞隻年齡的不同而改變，臺灣由於夏季長，在夏季熱緊迫下，能量與蛋白質的比例　（每公斤飼料中代謝能的仟卡數／粗蛋白質的百分率），需適度調整降低；另外隨著日齡的增加，能量與蛋白質的比例應隨之調高，如將白色肉雞的營養需要分成三個階段，各階段的能量與蛋白質比例為：①育雞期飼料：134～141；②生長期飼料：154～158；③後期飼料：167～176。能量與蛋白質比例較高時，可能會降低飼料採食量，致使必需胺基酸的吸收減少，而導致雞隻的腹部脂肪含量提高；反之，如能量與蛋白質比例較低時，則腹部脂肪含量會降低，但可能會提高飼養成本。肉雞飼養期短，飼料應儘量維持穩定，如需更換不同飼料時，必須採漸進逐步更換，以免發生消化不良。

▶表 2–11　童子雞對蛋白質和胺基酸的需要量 (%)[1]

營養分	0～3 週	3～6 週	6～8 週
粗蛋白質	23.00	20.00	18.00
精胺酸	1.25	1.10	1.00
甘胺酸 + 絲胺酸	1.25	1.14	0.97
組胺酸	0.35	0.32	0.27
異白胺酸	0.80	0.73	0.62
白胺酸	1.20	1.09	0.93
離胺酸	1.10	1.00	0.85
甲硫胺酸 + 胱胺酸	0.90	0.72	0.60
甲硫胺酸	0.50	0.38	0.32
苯丙胺酸 + 酪胺酸	1.34	1.22	1.04
苯丙胺酸	0.72	0.65	0.56
脯胺酸	0.60	0.55	0.46
羥丁胺酸	0.80	0.74	0.68
色胺酸	0.20	0.18	0.16
纈胺酸	0.90	0.82	0.70

註：(1)每公斤飼料中含 3,200 kcal 代謝能。

資料來源：National Research Council, 1994. *Nutrient Requirements of Poultry*. National Academy Press, Washington, D. C.

▶表 2–12 童子雞對礦物質和維生素的需要量[1]（％ 或每公斤飼料之含量）

營養分		0～3 週	3～6 週	6～8 週
鈣	％	1.00	0.90	0.80
非植酸磷	％	0.45	0.35	0.30
鉀	％	0.30	0.30	0.30
鈉	％	0.20	0.15	0.12
氯	％	0.20	0.15	0.12
鎂	mg	600	600	600
錳	mg	60.0	60.0	60.0
鋅	mg	40.0	40.0	40.0
鐵	mg	80.0	80.0	80.0
銅	mg	8.0	8.0	8.0
碘	mg	0.35	0.35	0.35
硒	mg	0.15	0.15	0.15
維生素 A	IU	1,500	1,500	1,500
維生素 D_3	ICU	200	200	200
維生素 E	IU	10	10	10
維生素 K	mg	0.50	0.50	0.50
噻胺	mg	1.80	1.80	1.80
核黃素	mg	3.60	3.60	3.00
泛酸	mg	10.0	10.0	10.0
維生素 B_{12}	mg	0.01	0.01	0.007
生物素	mg	0.15	0.15	0.12
葉酸	mg	0.55	0.55	0.50
吡哆醇	mg	3.5	3.5	3.0

註：(1)每公斤飼料中含 3,200 kcal 代謝能。

資料來源：National Research Council, 1994. *Nutrient Requirements of Poultry*. National Academy Press, Washington, D. C.

（十二）出售

　　肉雞出售、捕捉、裝載和卸放時應小心處理，以保持雞隻屠體品質。捕捉雞隻最好在夜間進行，舍內光照減至最低，以免雞隻亂跑、互相堆積碰撞，雞隻裝籠後應儘快運出場，儘量減少運輸過程的死亡。

（十三）其他

　　每日清潔飲水器，維持飼槽內無不清潔的廢物；防止野鳥、昆蟲及鼠、貓等動物之侵入，以防止攜帶傳染病；經常巡視雞舍，以防意外發生；雞隻發生疾病即刻延請獸醫診治；死雞應予焚化或掩埋，以防傳染病的傳播。

（十四）高溫時肉雞的飼養管理

1.熱緊迫 (heat stress) 對肉雞的影響

　　熱緊迫對肉雞的影響，大略可分為對生產性狀的影響與生理性狀的影響。對生產性狀的影響為：生長減退、飼料採食量降低、死亡率增加及飼料效率惡化等。此生產性狀的影響可說為生理性狀影響的結果。生理性狀的影響方面，隨著環境溫度的增高，體熱的產生漸減，且感覺熱的散失漸減，非感覺熱的散失漸增；雞的體感溫度與體溫（直腸溫）隨著環境溫度之上升而上升；由於高溫造成呼吸數增加致血液 CO_2 與 HCO_3^- 的氣體分壓降低，緩衝能力減弱而致血液 pH 值升高，形成呼吸性鹼中毒；甲狀腺重量及血液中甲狀腺素濃度，因熱緊迫而降低；較長時間的熱緊迫引起腎上腺與血漿中 corticosteroids 的衰竭，造成雞隻的死亡。

2.預防熱緊迫的對策

⑴降低雞舍內的溫度

雞舍內行噴霧、蒸發冷卻，但相對溼度在 75% 以上時不可使用；屋頂使用斷熱材料及噴水，架設遮蔭網，以減少輻射熱等，均有助於降低雞舍內溫度。

⑵保持雞舍內空氣流通

使用通風設備，並經常清理維護通風設備，注意通風情形。

⑶供給新鮮、冷卻飲水，可降低體溫。

⑷增加給料次數

增加每天之給料次數，或撥動飼料槽，可刺激雞隻的食慾，增加採食量。

⑸使雞隻稍微活動，增加雞體與地面間熱氣的排出。

⑹調整飼糧中的營養成分

在熱緊迫情況下，雞隻採食量減少，為使雞隻獲得所需的營養分，可適度提高飼糧中蛋白質、維生素等之含量；適度降低飼糧中的熱能含量；或增加脂肪含量，降低熱增加 (heat increment) 現象，提高飼料採食量。

⑺飼料或飲水中添加電解質、緩衝劑或維生素 C

飼料中添加緩衝劑如 0.5% 之 $NaHCO_3$、1% 之 NH_4Cl 有改善雞隻採食量與增重的效果；供給碳酸鹽水則可提高血液中 CO_2 分壓，降低血液 pH 值，改善增重及飼料效率；飼料中添加維生素 C 亦有類似之效果。

⑻其他

如肉雞早期（5 日齡）熱緊迫適應，有助於減輕後期熱緊迫的不良影響；減少單位面積雞隻飼養密度，亦可改善。

實習五
育　雛

一、學習目標

在學習本實習後應能：

1. 瞭解育雛的意義。
2. 瞭解人工育雛器的種類。
3. 熟悉育雛前的準備工作。
4. 熟悉育雛的實務工作。
5. 熟悉育雛的防疫計畫。
6. 培養愛護動物的情操。

二、使用的設備與材料

育雛器、雛雞、飼料槽、飲水器、磅秤、雛雞飼料及相關的圖片或投影片等。

三、學習活動

1. 先說明育雛舍、育雛器、飼料槽及飲水器等設備的清洗消毒之要領。
2. 育雛作業參照教材內的說明。
3. 由學生實際操作雞隻的保溫工作，並觀察羽毛的生長。
4. 於育雛舍中，使學生現場瞭解，育雛溫度適當與否，雞隻在育雛器內的活動情形。
5. 每週記錄雛雞的體重與飼料採食量。

四、學後評量

1. 能正確使用育雛器者為及格。
2. 能正確說出育雛舍、育雛器及飼養器具的消毒要領者為及格。
3. 能由雛雞的活動情況正確判斷其保溫是否適當者為及格。

實習六

剪　喙

一、學習目標

在學習本實習後應能：

1.瞭解雞隻剪喙的目的。

2.熟悉剪喙器的操作。

3.熟悉雛雞剪喙的工作。

4.瞭解雛雞剪喙後管理應注意的事項。

二、使用的設備與材料

9～10 日齡的雛雞一批，高週波電熱剪喙器。

三、學習活動

（一）說明

1.剪喙的目的

⑴防止雞隻發生啄食癖。

⑵減少飼料浪費、提高飼料效率。

⑶增加平飼雞隻單位面積收容數。

2.剪喙的方法

⑴冷剪

適用於肉雛雞，以低溫刀剪喙，此方法剪喙，喙易再生長，故較不適用於產蛋雞。

⑵熱剪

使用熾熱之燒灼刀片，溫度為 816 ℃ (1,500 ℉)，剪去上喙之 1/4，下喙之 1/4。如果剪喙精確，則喙的生長完全終止，在雞隻性成熟時，上喙與下喙均甚圓渾，上喙略較下喙為短。

3.剪喙應注意事項

　⑴預防注射後 1 週內不能剪喙。

　⑵為減少剪喙後流血，可在飲水中加入維生素 K。

　⑶剪喙後，為便於雞隻採食，應增加水槽與飼槽中水與飼料的深度。

（二）剪喙的操作步驟

1.以 1 人操作，以手握住雛雞，以腳操作剪喙器。

2.以拇指捺住雛雞頭的背面或側面，將食指置放於雛雞喉之下方，使舌拉向後方，以免被熾熱刀片切掉。

3.將喙置於剪喙器（已先與電源連接，刀片熾熱）刀片下方。

4.熾熱的刀片，由上向下，切去喙尖端適當的長度。

5.將切去尖端的喙與刀片保持接觸約 3 秒鐘。

四、學後評量

1.能正確操作剪喙器者為及格。

2.以 10 隻雛雞能完全正確完成 8 隻剪喙工作者為及格。

二、蛋雞的飼養管理

蛋雞的飼養管理大致可分為，產蛋開始前的飼養管理與產蛋期的飼養管理。

（一）產蛋開始前的飼養管理

此階段飼養管理的良否，影響性成熟及產蛋期的產蛋性能和生存率至鉅。此時期又可分為育雛期（0～6 週齡）及育成期（7～20 週齡）2 個階段，育雛期的飼養管理方法，除營養需要量（參閱表 2–15）與肉雞之差異大以外，其他的飼養管理與肉雞大致相似，可參考前述肉雞的育雛方法行之。

1.飼養面積

蛋雞在育雛、育成階段亦可採用平飼或籠飼，其每隻雞所需之空間列如表 2–13 及表 2–14，供參考。

▶表 2–13　籠飼雞隻所需的空間

週齡	床面積 平方公分／隻	給飼空間 公分／隻	給水空間 公分／隻
0～5	155	2.5	1.9
6～18	290	5.0	2.5

▶表 2–14　平飼雞隻所需的空間

週齡	床面積 平方公尺／隻	給飼空間		給水空間	
		飼槽長度 公分／隻	吊桶式自動給飼器 個／100 隻	每個球狀給器 給水隻數	水槽長度 公分／隻
0～5	0.09	2.5	3*	100	1.9
6～18	0.09	6.4	4	75	2.5

註：＊使用直徑 38 公分的自動給飼器。

2. 飼料

蛋雞在育雛、育成期隨著生長階段不同，所需營養分亦不同，因此需變換飼料。孵化至 6 週齡飼予小雞飼料，6～12 週齡飼予中雞飼料，12～18 週齡飼予大雞飼料，以後至產第一個蛋，飼予產蛋前期料，飼料在更換過程需採漸進逐步更換。依 NRC (1994) 對蛋雞育雛、育成期營養分需要之推薦量，列如表 2–15 及表 2–16。而 CNS (1991) 在蛋雞育雛、育成期的蛋白質標準分別為小雞（孵化至 4 週齡）為 18%、中雞（4～10 週齡）為 15%、大雞（10 週齡至產蛋前）為 12%。

飼料中蛋白質的含量應隨體重之增加而減少，因育成期中每日蛋白質的需要量相當穩定，而採食量則一天比一天增加，故必須降低飼料中蛋白質之含量，以符合需要。而飼料中能量之含量，應視季節不同作適當調整，寒冷季節調高而溫暖季節稍減。

▶表 2–15　育雛、育成期產蛋型雞隻對蛋白質和胺基酸的需要量

營養分，%	白色來亨雞品系			
	0～6 週	6～12 週	12～18 週	18 週～產第一個蛋
	450 公克[a]	980 公克[a]	1,375 公克[a]	1,475 公克[a]
	2,850[b]	2,850[b]	2,900[b]	2,906[b]
粗蛋白質	18.00	16.00	15.00	17.00
精胺酸	1.00	0.83	0.67	0.75
甘胺酸 + 絲胺酸	0.70	0.58	0.47	0.53
組胺酸	0.26	0.22	0.17	0.20
異白胺酸	0.60	0.50	0.40	0.45
白胺酸	1.10	0.85	0.70	0.80
離胺酸	0.85	0.60	0.45	0.52
甲硫胺酸 + 胱胺酸	0.62	0.52	0.42	0.47
甲硫胺酸	0.30	0.25	0.20	0.22
苯丙胺酸 + 酪胺酸	1.00	0.83	0.67	0.75
苯丙胺酸	0.54	0.45	0.36	0.40
羥丁胺酸	0.68	0.57	0.37	0.47
色胺酸	0.17	0.14	0.11	0.12
纈胺酸	0.62	0.52	0.41	0.46

a 最終體重。
b 每公斤飼料中育雛、育成期所含之代謝能 (MEn/kg)。
資料來源：National Research Council, 1994. *Nutrient Requirements of Poultry*. National Academy Press, Washington, D. C.

▶表 2–16　育雛、育成期產蛋型雞隻對礦物質和維生素的需要量（％ 或每公斤飼料之含量）

營養分		白色來亨雞品系			
		0～6 週	6～12 週	12～18 週	18 週～產第一個蛋
		450 公克[a]	980 公克[a]	1,375 公克[a]	1,475 公克[a]
		2,850[b]	2,850[b]	2,900[b]	2,906[b]
鈣	％	0.90	0.80	0.80	2.00
非植酸磷	％	0.40	0.35	0.30	0.32
鉀	％	0.25	0.25	0.25	0.25
鈉	％	0.15	0.15	0.15	0.15
氯	％	0.15	0.12	0.12	0.15
鎂	mg	600	500	400	400
錳	mg	60	30	30	30
鋅	mg	40	35	35	35
鐵	mg	80	60	60	60
銅	mg	5.0	4.0	4.0	4.0
碘	mg	0.35	0.35	0.35	0.35
硒	mg	0.15	0.10	0.10	0.10
維生素 A	IU	1,500	1,500	1,500	1,500
維生素 D	ICU	200	200	200	300
維生素 E	IU	10	5	5	5
維生素 K	mg	0.50	0.50	0.50	0.50
噻胺	mg	1.00	1.00	0.80	0.80
核黃素	mg	3.60	1.80	1.80	2.20
泛酸	mg	10.00	10.00	10.00	10.00
維生素 B_{12}	mg	0.009	0.003	0.003	0.004
生物素	mg	0.15	0.10	0.10	0.10
葉酸	mg	0.55	0.25	0.25	0.25
吡哆醇	mg	3.00	3.00	3.00	3.00

a 最終體重。

b 每公斤飼料中育雛、育成期所含之代謝能 (MEn/kg)。

資料來源：National Research Council, 1994. *Nutrient Requirements of Poultry*. National Academy Press, Washington, D. C.

3. 限飼與體重的調節

良好的新母雞群，在成熟進入產蛋之時，需體重齊一、具有適當的體重而不肥胖者，雞隻育成期必須控制體重，每星期逢機採樣 1% 的雞隻予以稱重 1 次，以其平均體重與各雞種的標準體重對照，而調整給飼量，一般蛋雞體型較小，如採用中等程度熱能水準的飼料，雞隻可自行調節其採食量，體重可在標準體重之範圍內；如採用高熱能水準的飼料，不斷給飼，可能會致使雞隻過胖，必須加以限飼，如體重較標準高 1% 則減少飼料給予量 1%，反之則增加 1%，各雞種的標準體重不一，應依各雞種推薦的標準體重行之。如體重不足，應速查明原因，儘速補救。一般限飼的方法有降低飼料營養分之質的限飼及減少給飼量之量的限飼。量的限飼一般採用的方法有①隔日限飼法，即 1 日給飼，1 日不給飼；②每日限飼法，即每日餵飼但減少其餵飼量。在限飼期雞隻如發生緊迫，例如熱緊迫、預防注射等則暫時恢復任飼。

4. 體重的整齊度

體重整齊度是蛋雞與種雞具良好生產能力必備的條件之一。於 7 週齡開始雞群每星期抽樣稱量個別雞隻的體重，抽樣稱重的方法如前述。抽樣稱量體重的雞隻有 80% 以上，其體重介於平均值的 90～110% 之間，則此雞群的體重整齊度優良，如整齊度較此為差，則應檢討雞群的飼養密度、飼槽、水槽的空間是否適當，雞群的健康狀態及剪喙的實施是否良好。整齊度差將影響成熟年齡的一致性及產蛋期的產蛋率。

5. 剪喙的修正

在雞隻移入產蛋舍前，應檢視剪喙是否完善，如剪喙不完全，應再修剪一次，避免於產蛋期間修剪喙。

6. 防疫接種

蛋雞之防疫接種計畫參考表 2–24 之說明。

7. 移入產蛋雞舍

一般情況下，雞群在 17～18 週齡時，需移入產蛋雞舍，在移入產蛋雞舍之前，所有的疫苗接種及剪喙的修正工作均應完成。點燈（光照）計畫必須與移入前之程序相同，不可因轉移至產蛋雞舍而驟然改變。

8. 光照管理

光照的長度與強度會影響雞隻的生長、性成熟、初產蛋重及產蛋期的產蛋率。因此在育成期與產蛋期應有適當的光照管理，以控制適當的性成熟日齡，達到最適當的蛋重及最高產蛋率。

在開放雞舍，人工點燈之光度，1 呎燭光已足夠雞隻的需要，光照強度太亮易造成啄羽癖的困擾。育成期間的光照管理原則為避免光照時間增加，應採固定光照或漸減光照，尤其在 12 週齡後，增加光照時間將造成初產日齡提早，產蛋初期蛋過小。不過過度延遲性成熟亦不經濟，故於產蛋 5% 前的 3～4 週起採用刺激產蛋的光照計畫。臺灣地區多採用開放雞舍飼養，其光照管理必須考慮自然日照時間的改變，育成期間之光照計畫可採用以下之任一方法：

(1)固定光照計畫

　本計畫乃以育成期最長的自然日照時間為準，在較短日照期間，點燈補充人工光照。

(2)漸減光照計畫

　本計畫為育成期間採光照時間逐漸減少的方法，使雞隻於 18～19 週齡時，其光照時間與自然日照時間相同。此計畫每週光照時間減少 15～20 分鐘。例如 19 週齡的日照時間推算為 11 小時，而雞

隻於 7 週齡開始採取漸減光照計畫，每週減少 20 分鐘，則到 19 週齡的 12 週期間應減少 240 分鐘，故將 19 週齡的日照時間 11 小時加上 4 小時，即為 7 週齡開始時的光照時間。

9.紀錄

應作各種飼養、管理之詳細紀錄，紀錄包括進雛日期、進雛隻數、死亡率、淘汰率、體重齊一度、隻日飼料採食量、光照時間、每日飲水量、防疫接種、疾病發生與診斷結果、疾病治療、剪喙、進入產蛋雞舍隻數、產蛋率及蛋重等紀錄。

(二) 產蛋期的飼養管理

蛋雞產蛋期間的飼養方式可採平飼與籠飼，籠飼又分為單隻飼養（每籠一隻）與多隻飼養。目前臺灣均採籠飼，並以單隻飼養為多，亦有採 2 隻或多隻飼養者。每籠飼養較多隻可節省每隻雞所需的設備費，但產蛋率較低，破蛋率較高。

1.飼養面積

目前臺灣產蛋雞均採用籠式飼養，以每籠飼養 1 隻或 2 隻者為普遍，單飼籠子大小應有 40×21×40 立方公分，飼養 2 隻者應有 40×30×40 立方公分，籠底的傾斜度為 7 度。一般籠飼以 3 層者為普遍。如使用平飼，則每隻來亨產蛋雞約需床面積 0.16 平方公尺。

2.飼料槽與飲水器

長而連續的飼料槽，為普遍應用於餵飼籠飼產蛋雞的飼料槽，飼料槽可用手飼或藉自動的設計餵飼，飼料槽懸掛於籠前，離籠底約 24.13 公分 (9.5 吋)。飲水器有飲水槽、飲水杯、滴瀝乳頭狀飲水器 (drip nipple)。飲水槽乃連續水流動，懸掛於飼料槽上方之長形槽；飲水杯或乳頭狀飲水器則裝置於每一雞籠中，或二個相鄰的雞籠共

用 1 只。如使用平飼飼養，則每千隻雞供應一 12 公尺長的飲水槽，或每千隻雞供應吊桶式圓形飲水器至少 7 個；飼槽則每千隻雞至少供應 88 公尺直線長度的飼料槽，如採用圓筒狀或盤狀給飼器，則每千隻雞需 65 個。

3. 飼料

產蛋雞產蛋期間，飼料中的營養需要量，NRC (1994) 之推薦量如表 2-17 及表 2-18 所示。但臺灣溫度較高，產蛋雞飼料中之營養成分，如蛋白質含量及能量含量須作適當的調整，在酷暑時期，每日每隻雞的採食量降低（可能低於 100 g），為確保營養分的攝取量（來亨蛋雞每隻每日約需 16 g 的蛋白質），故須提高飼料中之蛋白質含量至 17% 或以上，胺基酸要適切平衡。產蛋初期的蛋重受蛋白質攝取量的影響，蛋白質攝取量增加則蛋重增加，產蛋率亦會提高。不過產蛋初期給與過高蛋白質的飼料，至產蛋後期的蛋重，有過重之慮。故於產蛋高峰過後，應逐漸調低蛋白質的攝取量。在能量方面，產蛋雞能量的需要量受環境溫度之影響至鉅，在 18 °C 時，產蛋雞每日的代謝能需要量在 300～325 kcal 之間，而當環境溫度升高至 30 °C 時，則降低為 260～270 kcal 之間。環境溫度的改變，影響產蛋雞的能量需要量，也影響採食量，因此環境溫度改變時，飼料中的能量濃度也需隨之調整。在臺灣一般之環境下，以代謝能 2,750 kcal/kg 之標準為實用，不過隨著溫度之不同，通常在 2,650 kcal/kg 至 2,900 kcal/kg 之範圍變動。蛋雞對能量的需要量可由下列公式求得：

$$ME = W^{0.75}(173 - 1.95T) + 5.56\Delta W + 2.07EE$$

ME = 代謝能需要量（kcal / 隻 / 日）

T = 平均環境溫度 (°C)

EE = 產蛋量（g／隻／日）

ΔW = 體重變化（g／隻／日）

▶表 2–17　產蛋雞（來亨雞）及肉種雞對蛋白質和胺基酸的需要量

營養分，%	白殼蛋雞在不同採食量下的營養需要量			隻日需要量 (mg)		肉種雞隻日需要量 (mg)[c]
	80[a,b]	100[a,b]	120[a,b]	白殼蛋種雞隻日採食量 100 g	白殼蛋雞隻日採食量 100 g	
粗蛋白質	18.8	15.0	12.5	15,000	15,000	19,500
精胺酸	0.88	0.70	0.58	700	700	1,110
組胺酸	0.21	0.17	0.14	170	170	205
異白胺酸	0.81	0.65	0.54	650	650	850
白胺酸	1.03	0.82	0.68	820	820	1,250
離胺酸	0.86	0.69	0.58	690	690	765
甲硫胺酸	0.38	0.30	0.25	300	300	450
甲硫胺酸 + 胱胺酸	0.73	0.58	0.48	580	580	700
苯丙胺酸	0.59	0.47	0.39	470	470	610
苯丙胺酸 + 酪胺酸	1.04	0.83	0.69	830	830	1,112
羥丁胺酸	0.59	0.47	0.39	470	470	720
色胺酸	0.20	0.16	0.13	160	160	190
纈胺酸	0.88	0.70	0.58	700	700	750

a 隻日飼料採食量，公克。

b 代謝能 (MEn) 含量 2,900 kcal/kg，產蛋率 90%。

c 隻日能量消耗量因年齡、產蛋期及環境溫度不同而異，通常在產蛋高峰時為 400～450ME kcal。

資料來源：National Research Council, 1994. *Nutrient Requirements of Poultry*. National Academy Press, Washington, D. C.

▶表2-18 產蛋雞（來亨雞）及肉種雞對礦物質和維生素的需要量（%或每公斤飼料之含量）

營養分，%		白殼蛋雞在不同採食量下的營養需要量			隻日需要量（mg 或 IU）		肉種雞隻日需要量(mg)[c]
		80[a,b]	100[a,b]	120[a,b]	白殼蛋種雞隻日採食量 100 g	白殼蛋雞隻日採食量 100 g	
鈣[d]	%	4.06	3.25	2.71	3,250	3,250	4,000
非植酸磷[e]	%	0.31	0.25	0.21	250	250	350
鉀	%	0.19	0.15	0.13	150	150	–
鈉	%	0.19	0.15	0.13	150	150	150
氯	%	0.16	0.13	0.11	130	130	185
鎂	mg	625	500	420	50	50	–
錳	mg	25	20	17	2.0	2.0	–
鋅	mg	44	35	29	3.5	3.5	–
鐵	mg	56	45	38	6.0	4.5	–
碘	mg	0.044	0.035	0.029	0.010	0.004	–
硒	mg	0.08	0.06	0.05	0.006	0.006	–
維生素 A	IU	3,750	3,000	2,500	300	300	–
維生素 D_3	ICU	375	300	250	30	30	–
維生素 E	IU	6	5	4	1.0	0.5	–
維生素 K	mg	0.6	0.5	0.4	0.1	0.05	–
噻胺	mg	0.88	0.70	0.60	0.07	0.07	–
核黃素	mg	3.1	2.5	2.1	0.36	0.25	–
泛酸	mg	2.5	2.0	1.7	0.7	0.2	–
維生素 B_{12}	mg	0.004	0.004	0.004	0.008	0.0004	–
生物素	mg	0.13	0.10	0.08	0.01	0.01	0.016
葉酸	mg	0.31	0.25	0.21	0.035	0.025	–
吡哆醇	mg	3.1	2.5	2.1	0.45	0.25	–

a 隻日飼料採食量，公克。
b 代謝能 (MEn) 含量 2,900 kcal/kg，產蛋率 90%。
c 隻日能量消耗量因年齡、產蛋期及環境溫度不同而異，通常在產蛋高峰時為 400～450ME kcal。
d 產蛋雞欲獲得最大蛋殼厚度之需要量可能較高。
e 產蛋雞在高溫度下之需要量可能較高。
資料來源：National Research Council, 1994. *Nutrient Requirements of Poultry*. National Academy Press, Washington, D. C.

為確保產蛋雞的蛋殼品質，鈣磷之適當供給甚為重要，鈣使用粉末、粒狀的石灰石粉或牡蠣殼，其吸收率均良好，一般鈣來源之供應，以使用 1/3 粉狀、2/3 粒狀為宜，產蛋雞於 40 週齡後，對鈣的吸收率降低，而蛋重逐漸增加，為確保蛋殼品質，需增加每日鈣的供給量，一般產蛋雞每日每隻之鈣給與量，在初產至 40 週齡時約為 3.3～3.6 g，40 週齡以後約為 3.7～4.0 g。磷在產蛋期間的需求量較穩定，每隻每日需有效磷約為 0.40～0.45 g 之間。夏天採食量減少時，飼料中鈣、磷含量需提高。

4. 自育成期進入產蛋期的飼養

蛋雞通常在 19～21 週齡間開始初產，因品系不同稍有差異，雞隻達初產時，飼料應由生長飼料改換為產蛋飼料，如生長階段採限飼計畫者，須逐漸增加，直至自由攝食止，自由攝食一直延伸至產蛋高峰為止，然後考慮是否再繼續採取自由攝食或改採限飼。在增加飼料給與量後，亦應配合增加光照時間，否則將致使雞隻過於肥胖，在開始的第 1 週光照增加為 14 小時，以後每週增加光照 15～30 分鐘，最多光照增加為 16 小時。

5. 光照管理

產蛋期間光照的一般原則為：每日光照不可縮短，需採漸增光照至一定光照時間後，採取固定光照時間，直至產蛋結束前 2～3 週再延長光照時間。例如在臺灣開放雞舍情況下，蛋雞移入產蛋雞舍後，約由 19～20 週齡，於雞隻由生長飼料改換為產蛋飼料時，每日光照時間配合延長為 14 小時，以後每週增加光照時間 15～30 分鐘，至產蛋高峰光照最長增加為 16 小時，以後採 16 小時固定光照，直至該批蛋雞淘汰前 2～3 週，再將光照延長。光照時間為自然日照時間加上人工點燈時間，因此人工點燈之時間長短，因各地緯度不同而

有差異，一般人工點燈可以早晨或傍晚實施，或早晨與傍晚同時實施。在炎熱的氣候下，可集中於較涼爽之時段實施。

光照管理必須配合雞群的體重、體格發育情形實施，如至 19 週齡時的體重及體格發育尚未達標準，可考慮延緩開始點燈刺激，反之則可稍提早點燈刺激，點燈刺激時必須配合增加飼料的餵飼量。光照過度刺激為雙黃蛋生產的一大原因，可暫時中止增加點燈時間，俟生產雙黃蛋趨於正常時，再開始點燈計畫。

6.強迫換羽

(1)強迫換羽的原理

在自然情況下，雞隻於秋天後日照長度漸短之際，即產生自然換羽並停止產蛋，此乃由於卵巢機能低下，致動情素分泌量減少，引起休產進而造成換羽。而強迫換羽是以人為的方法，如使用一定期間的絕食及絕水，給與雞隻生理上之緊迫，腦下垂體對 LHRH（排卵素釋放激素）之感受性降低，血中之排卵素濃度下降，濾泡中動情素的生產與分泌減少，致使濾泡萎縮，誘起休產與換羽。一般自然換羽，自停產至再恢復產蛋的時間，平均約需 3 個月，而人為強迫換羽，則可縮短至平均約 2 個月甚至更短，視緊迫程度、雞隻年齡、雞隻生理狀況及恢復期間的營養狀況而異。

(2)強迫換羽的目的

強迫換羽之主要目的為縮短換羽的時間，並使換羽期間齊一，有利於經營管理。另外由於疾病如馬立克病、呼吸器病的蔓延，致小雞育成率差，育成費用高時，為延長母雞的使用年限，而實施強迫換羽；或因一時蛋價偏低，期待未來蛋價回升時，雞群能處於高產狀況，而實施強迫換羽，使雞群在蛋價低時停產，而蛋價回升時雞群恢復產蛋。

(3)強迫換羽的方法

①絕食、絕水

此方法乃造成雞隻生理緊迫，致使換羽之方法。絕食、絕水時間的長短及兩者如何搭配，依雞隻之年齡、營養狀況、季節及各雞場的飼養管理不同而異。

在臺灣的氣候條件下，一般絕食 10～14 天，於絕食開始後 24 小時，再同時絕水 1～3 天，雞齡較小者，絕食時間較長，冬、夏氣候惡劣時較短，春季可較長，以體重減少 25～30% 為標準。處理終了恢復給飼時，使用低蛋白質之大雞飼料（粗蛋白質：13%），第 1 天每隻給與 30 公克開始，以後每天增加 10～15 公克，至第 7 天達 90 公克，然後採自由攝食直至產蛋率達 5% 後，更換為產蛋飼料。

②內泌素處理

每隻雞每日肌肉注射助孕素 (progesterone) 20 毫克，連續 3 天，或每公斤飼料添加助孕素 13.2 毫克，連續餵飼雞隻 14 天，可達到休產、換羽的效果。

③飼料中添加氧化鋅

飼料中添加 2.5% 的氧化鋅（約含 20,000 ppm 鋅），連續 5 天，並降低光照時間。雞隻飼與高鋅飼料時，會減少飼料攝食量 20%，5 天並失重 340～454 公克，於飼與高鋅飼料 5 天後停產，於處理結束後 7 天恢復產蛋，產蛋高峰可達 76～80%。

④飼與低鹽飼料

以含 0.04% 之低鹽飼料飼與 6 週，並同時降低光照時間，雞隻約於第 13 天開始換羽，大部分均休產，但有時並不換羽。實施此方法最好配合降低鈣與磷的含量，可抑制雞隻太早恢復產

蛋。此方法在講求動物福祉，禁止使用長期間絕食的歐洲，廣泛採用。

⑷強迫換羽是否成功的判斷

實施絕食、絕水強迫換羽方法，是否成功的判斷列述如下：

①恢復產蛋的天數

強迫換羽實施開始至產蛋率恢復至 50% 為止，為期 50～60 天視為成功；為期不足 40 天者，為換羽不完全，其產蛋高峰低，以後之產蛋亦不佳；為期超過 70 天以上者，則是恢復太遲。一般春、夏季恢復較早，年輕者恢復亦較早。

②處理期間的斃死率

如強迫換羽前經仔細淘汰不良雞隻，則處理期間的斃死率應不高，一般處理後至恢復給飼，其斃死率不超過 1.25%，產蛋率達 50% 時，斃死率以低於 5% 為宜。在實施絕水時，如斃死率超過 3% 時，則應恢復供水，如絕食、絕水期斃死率超過 5%，而原因不明時，應恢復給飼、給水為宜。

③體失重

強迫換羽期間的體失重，因雞隻於換羽前的營養狀況、雞齡及季節不同稍有差異，體失重以 25～30% 為佳。

④主翼羽的換羽根數

一般在處理開始後之第 5 天左右，身體羽毛開始脫落，第 7 天左右開始更換主翼羽，換羽之順序為頭部、頸部、腹部、背部、主翼羽、副翼羽及尾羽順次進行。一般以主翼羽的換羽根數，作為換羽進行之依據，如雞隻強迫換羽後產蛋率恢復至 50% 時，10 根主翼羽平均脫落 5 根以上者，強迫換羽成功，否則為不完全換羽，不過愈年輕的雞隻愈不易換羽。

⑤產蛋高峰

強迫換羽後的產蛋高峰，其產蛋率約為第 1 年的 90%，如未能
達到此標準者，則表示換羽不完全。

⑸寡產雞與休產雞的淘汰

產蛋雞群中寡產雞與休產雞之多寡，對蛋雞業經營之成敗影響至
鉅，必須將寡產雞與休產雞淘汰，以提高雞群的產蛋率，降低飼
養成本，改善生產效率。寡產雞與休產雞可依以下的方法淘汰之。

①依據色素變化

此方法適用於黃色皮膚的產蛋雞，在初產前其皮膚為黃色，產
蛋後由其褪色的情形，可作為判斷已產蛋數目之用。黃色褪色
的順序，依次為肛門、眼圈、耳朵、喙、足底、脛前方、脛後
方、趾尖與膝關節。雞隻各部位皮膚褪色時的產蛋數如下：

a.肛門：肛門邊緣色素於產第一個蛋時，即開始褪色。

b.眼圈：約產蛋 1～2 個後開始褪色。

c.耳朵：約產蛋 9～10 個後開始褪色。

d.喙：內 1/3：約產蛋 11 個後開始褪色。

　　　 內 1/2：約產蛋 18 個後開始褪色。

　　　 內 2/3：約產蛋 23 個後開始褪色。

　　　 內 4/5：約產蛋 29 個後開始褪色。

　　　 全部褪色：約產蛋 35 個後開始褪色。

e.足底：約產蛋 66 個後開始褪色。

　 脛前方：約產蛋 95 個後開始褪色。

　 脛後方：約產蛋 159 個後開始褪色。

　 趾尖：約產蛋 175 個後開始褪色。

　 膝關節：約產蛋 180 個後開始褪色。

當停止產蛋後色素便開始恢復，恢復的順序與褪色的順序相同，唯所需時間較短。

②依據產蛋紀錄

臺灣蛋雞均採籠飼，易於作個別雞隻的產蛋紀錄，可在預定進行淘汰前的一段期間（5～10 天），作產蛋紀錄，再依產蛋紀錄淘汰不良的雞隻。此方法最為準確，但耗費人工。

③依據外觀及行為

由雞隻外觀及其行為表現作為淘汰的依據。

　a.頭部：多產雞的頭部應清晰多毛，皮膚薄且多皺，冠及肉髯大而豐滿，光滑有油光；眼大而圓、突出、飽滿有神。寡產雞或休產雞則反之。

　b.肛門：多產雞的肛門大而溼潤，肛門周圍常有汙染。休產雞則較小且乾燥皺縮。

　c.恥骨厚度及寬度：多產雞恥骨變薄，左右兩恥骨間的距離增加，約為 3 個指幅之寬度，恥骨與龍骨間的距離亦增加，約為 4 個指幅之寬度。寡產雞與休產雞的恥骨間距及恥骨至龍骨的間距均低於多產雞。

　d.動作：多產雞機警活潑，對外界之反應敏感，啄食動作活潑而採食時間長。休產雞則動作不活潑，採食時間短。

④依據換羽速度

多產雞羽毛緊密而枯燥，隨著產蛋的經過而變得汙穢，末端折損，在換羽季節，換羽開始較遲，換羽速度較快，主翼羽每次脫落 2～4 根，完成換羽所需時間較短。寡產雞於換羽季節，換羽開始較早，換羽速度較慢，主翼羽每次只脫落 1 根，完成換羽所需的時間較長。

（三）高溫環境下蛋雞的飼養

在臺灣夏季高溫多溼，溫度常高達 30 ℃ 以上，雞隻排除體熱不容易，長期的高溫將造成飼料攝食量減少，產蛋率降低，蛋殼品質變差，死亡率增加，故臺灣夏季高溫下，如何減輕高溫熱緊迫對雞隻的影響，是蛋雞業者經營上必須注意的。其飼養可參照前述預防肉雞熱緊迫之措施應用。

三、種雞的飼養管理

種雞包括蛋種雞與肉種雞，在臺灣的肉種雞又包括白色肉種雞與有色肉種雞等。種雞的飼養管理亦可分為產蛋開始前的飼養管理與產蛋期的飼養管理，其飼養管理要點與肉雞及蛋雞的飼養管理有諸多相似之處，請參考相關之章節，在此不再重複。

（一）產蛋開始前的飼養管理

1. 育雛期

種雞育雛除參照肉雞的飼養管理外，尚需注意以下各點：

⑴公雞修趾

　　如種雞未來採用平飼自然配種，為避免配種時造成母雞背部受傷，可於剪喙時，一併將公雞的內側及後腳趾，由外關節剪除。

⑵公母比

　　視母雞成熟後採平飼、自然配種或籠飼、人工授精而異。如採自然配種則於育雛開始時，每 100 隻母雞配合 10～12 隻公雞飼養；如採人工授精則每 100 隻母雞配合一隻公雞即可。

⑶淘汰

育雛期間對活力差、弱小、發育不良、羽毛無光澤、畸型、跛腳等不良的雞隻，應及早淘汰，以減少飼料的浪費，並有助於雞群的健康和整齊度。淘汰之進行可定期實施，或於進行防疫接種時一併實施。

2.育成期

⑴飼養方式

種雞於育成階段可採平飼或籠飼，公母分飼或公母合飼的飼養方式。公母分飼即自育雛開始公母即於不同育雛器及雞室中育雛、育成至產蛋前，此飼養方式的優點為便於公母個別之管理，於產蛋期採籠飼的飼養方式行人工授精時，此種飼養方式為一良好的飼養方法，不過在產蛋期如以平飼的飼養方式行自然配種時，由於至產蛋期需再合飼，會造成社會秩序的重新排列，而造成打鬥及啄羽之現象。如採用公母合飼，則於 9～10 日齡前仍採公母分飼，至 9～10 日齡剪喙後，再公母混合飼養至產蛋前，此飼養方式可避免公母分飼的缺點，但其缺點為公母無法個別飼養。

⑵飼養面積

種雞育成期如採平飼的飼養方式，每隻雞應有之空間列如表 2–19 所示；如以籠飼則每隻雞約需 350 平方公分，如空間不足將造成雞群的整齊度不佳。

⑶飼料槽與飲水器

種雞在育成期間常以限飼手段來控制體重，故飼料槽與飲水器的空間應留意，必須充分供應。在平飼的情況下，每隻雞所需之採食與飲水空間列如表 2–20 及表 2–21 所示。

▶表 2–19 平飼種雞育成期所需的飼養空間

品種	床面面積 （平方公尺／隻）	隻／平方公尺
來亨種母雞	0.16	6.3
來亨種公雞	0.16	6.3
中體型蛋種母雞	0.18	5.6
中體型蛋種公雞	0.20	5.0
肉種母雞	0.23	4.3
肉種公雞	0.28	3.5

資料來源：North and Bell, 1990. *Commercial Chicken Production Manual*, 4ed. p.259.

▶表 2–20 平飼種雞育成期所需的採食空間

品種	公母分飼		公母合飼	
	飼槽長度 公分／隻	桶式飼槽 個／百隻	飼槽長度 公分／隻	桶式飼槽 個／百隻
來亨種母雞	6.4	3	6.4	3
來亨種公雞	7.6	4	6.4	3
中體型蛋種母雞	7.6	4	7.6	4
中體型蛋種公雞	8.9	5	7.6	4
肉種母雞	15.0	8	15.0	8
肉種公雞	20.0	10	15.0	8

資料來源：North and Bell, 1990. *Commercial Chicken Production Manual*, 4ed. p.263.

▶表 2–21 平飼種雞育成期所需的飲水空間

品種	槽式自動飲水器 公分／隻	每百隻雞所需飲水器數目		
		桶式飲水器 （圓周 127 公分）	杯狀 飲水器	乳頭狀 飲水器
來亨種母雞	1.9	0.7	7	10
來亨種公雞	1.9	0.7	7	10
中體型蛋種母雞	2.2	1.1	8	11
中體型蛋種公雞	2.2	1.1	8	11
肉種母雞	2.5	1.3	9	12
肉種公雞	3.2	1.6	10	13

資料來源：North and Bell, 1990. *Commercial Chicken Production Manual*, 4ed. p.260.

⑷飼料

　蛋種雞育雛、育成期的營養需要參考表 2–15 及表 2–16 所示。其飼料調配之原則參照蛋雞部分之說明。

⑸限飼與體重控制

　為使種雞在產蛋期間有良好的產蛋率、受精率及孵化率，必須使種雞能有適當的成熟體重，避免雞隻過於肥胖及體重過重，故在生長期應予適當之限飼，以控制體重之增加過速。在育成期限飼控制體重的優點為：①初產日齡較晚，不宜孵化的小蛋比率較低，②產蛋高峰較高，③育成費用較低，④產蛋期間的死亡率較低，⑤產蛋持續力增高，⑥年產蛋數增加。控制體重的方法，一般為依據標準體重，限制飼料給與量，限飼的方法有：①隔日限飼法：1 日給與飼料，1 日不給與飼料，②每日限飼法：即每日餵飼但減少其餵飼量。依照體重的增加情形加以增減飼料餵飼量，每星期逢機採樣 1% 的雞隻予以稱重，所得的平均體重與種雞的標準體重比較，較標準高 1% 則減少飼料給予量 1%，反之則增加 1%。在限飼期間雞隻如發生緊迫，例如熱緊迫、預防注射等則暫時恢復任飼。

⑹供給小石粒

　餵飼小石粒的主要目的，為幫助砂囊磨碎飼料，小石粒的給與量為：平飼敷墊料時，由 8 週齡開始每星期每 100 隻給與 450 公克，集中於一天給與。如為條狀地板或鐵絲網地板，則每 6 星期每 100 隻雞給與 454 公克，小石粒以不易溶解者為佳，如採隔日限飼法，應於給與飼料日餵與。於飼料中摻入小石粒者，以鏈條式自動給飼機餵飼時，需常檢查飼槽內尤其是轉角處是否有小石粒滯留，以維持機件的正常使用。

⑺墊料的管理與球蟲病的控制

平飼墊料的適當管理，可預防雞隻諸多問題的發生，育成期墊料應控制水分含量於 20～30%，其理由為：

①羽毛生長良好

②雞隻的生長、發育正常

③改善飼料效率

④易於控制球蟲病及配合免疫計畫，使雞隻產生自然免疫

⑤雞舍含氨量較少

⑥控制蒼蠅及寄生蟲的生長

過於乾燥鬆散的墊料，易於塵埃飛揚，亦有害雞舍內的環境衛生及雞隻健康。因此墊料太乾燥，應噴灑水分，以減少灰塵。墊料應定期翻動，以免積壓酸酵，潮溼結塊及發霉的墊料應移去，更新墊料。育成期限飼時，常造成雞隻飲水量過多而造成水便，故適度限制飲水，可改善墊料過於潮溼。但在 30 ℃ 以上的高溫下則不宜限制飲水。在平飼的情況下，育成期間球蟲病的免疫計畫，應配合墊料管理實施，尤其產蛋期採用平飼方式飼養，在育成期應培養雞隻對球蟲病的免疫能力 。 可使用下述的球蟲病控制計畫，使雞隻產生自然免疫。其方法為：

①控制墊料水分於 20～30% 之間，供給球蟲卵囊發育的溼度，但必須注意墊料長期乾燥時，可能墊料中含大量的球蟲卵囊，突然增加溼度而飼料中的球蟲藥不足，將有爆發球蟲病的可能。故在乾燥季節，墊料太乾，則最好每天少量噴灑水分。

②在育雛期的 6 週期間，飼料中應添加足夠量的球蟲藥，7 週齡開始逐漸減少飼料中球蟲藥的添加量，至 10～12 週後，飼料則不再添加球蟲藥。注意不可突然停止使用球蟲藥。

⑻選拔與淘汰

在育成期間，應隨時將發育不良、跛足、受傷與畸型的雞隻加以淘汰，以減低育成費用。為了增進未來雛雞的生長性能，於 8 週齡進行選拔，淘汰體重過輕的雞隻一次。於進入產蛋期之前，再進行選拔與淘汰一次。平飼飼養時，將公母比控制於 100 母：11～12 公。

⑼保菌雞的檢出

種雞應不帶介卵傳染的病原菌，如雞白痢、MG、MS、CRD 等，在育成期間雞群應定期進行血液檢定，摘除帶菌的種雞。

⑽啄食癖的防止

種公雞應防止劇烈打鬥造成傷害，甚至演變成為啄食癖。注意不可密飼，供給足夠的採食與飲水空間，避免對雞群的干擾，減低雞隻的緊迫，舍內光度不可過度明亮，保持舍內通風良好，雞隻剪喙應完善等措施，可減輕雞隻的打鬥及啄食癖的發生。飼養種土雞可在舍內加裝棲架供打鬥失敗的雞隻棲避，減少其受傷害。飼料營養分之不平衡亦為發生啄食癖之一原因，如雞群發生嚴重的打鬥及啄食癖，則應檢討雞舍內的環境條件，包括亮度、通風、溼度、飼養密度、給飼及飲水空間是否適當，並檢討飼料品質，尤其是蛋白質的品質與胺基酸的平衡是否良好，必要時進行喙的修剪。

⑾產蛋箱的安置

採自然配種的種雞群，於進入產蛋期之前即應放入產蛋箱，使雞隻適應，在部分條狀地面部分墊料地面的種雞舍，產蛋箱應置放於墊料地面上，每 4 隻種母雞應準備一個 28 公分寬、25 公分高、34 公分深的產蛋箱，產蛋箱一般可層疊成 2 層或 3 層，下層產蛋

箱底部，離地面約 40 公分，每層產蛋箱口下方設置棲木，以利母雞進入產蛋箱產蛋。

(12)其他

種雞在育成期間除前述的飼養管理外，其他如體重整齊度的測量、喙的修正、光照管理、雞群的移動、防疫接種等，與產蛋雞相類似。

（二）產蛋期的飼養管理

1. 飼養方式

種雞產蛋期的飼養亦可採用籠飼或平飼，平飼方式行自然配種，可節省人工授精所需的勞力，但需飼養較多的公雞，個別雞隻的淘汰與管理較不方便。籠飼飼養則雞隻的個別管理及淘汰均較方便，且需行人工授精，故所需飼養的種公雞數較少，但需較多之勞力，且糞便之處理亦較麻煩，易滋生蒼蠅，不過籠飼飼養尚有防止常發生於土雞的雛白痢病原菌之傳染，故種土雞多使用籠飼。而白色肉種雞或蛋種雞，多數採用平飼飼養，舍內地面 60% 為條狀地面，高 68 公分，平分於雞舍 2 側，中間之 40% 地面敷墊料，產蛋箱置放於中間，亦可全部使用地面敷墊料，或全部條狀地面及全部鐵絲網地面。

2. 飼養面積

臺灣種土雞一般採用籠飼，其飼養可參考產蛋雞的方法行之，唯公雞之雞籠需較母雞為大。種土雞以每籠 1 隻為宜。白色種雞則以平飼居多，其所需的空間如表 2-22 所示。

3. 飼料

種雞產蛋期之營養參考表 2-17、2-18，其原則參照產蛋雞之說明。

▶表 2–22　平飼種雞產蛋期間所需的飼養空間（平方公尺／隻）

品種	床面型態			
	全部地面	部分條狀部分地面*	全部條狀	全部鐵絲網狀
來亨種雞	0.19	0.16	0.12	0.12
中體型蛋種雞	0.21	0.19	0.14	0.14
肉種雞	0.28	0.23	0.19	–

註：*60% 條狀，40% 地面。
資料來源：North and Bell, 1990. *Commercial Chicken Production Manual*, 4ed. p.385.

4.飼料槽與飲水器

種雞在平飼飼養的情況下，其所需的飼料槽空間列如表 2–23，以供參考。

在平飼飼養下，每隻雞應供應 2.5～3.1 公分空間的飲水槽，或每 6～8 隻雞需飲水杯或乳頭狀飲水器 1 個。

▶表 2–23　平飼種雞產蛋期間所需的採食空間

品種	槽式飼槽公分／隻	桶式飼槽*隻／個
來亨種雞	9.4	13
中體型蛋種雞	10.6	11
肉種雞	15.0	8

註：* 直徑 40.6 公分。
資料來源：North and Bell, 1990. *Commercial Chicken Production Manual*, 4ed. p.386.

5.產蛋箱的管理

為維持種蛋的清潔，必須保持產蛋箱的清潔，並提供足夠的產蛋箱數目。每日收集蛋時，應同時檢查產蛋箱內是否有破蛋或糞便，產蛋箱受汙染時，應加以清理乾淨，入夜之前應關閉產蛋箱，以免雞隻進入棲息或賴抱，汙染產蛋箱內的墊料。產蛋箱內的墊料，每星

期至少添補 1 次，每個月更換 1 次。每 4 隻種雞應供給 1 個產蛋箱，每日集蛋數次。

6. 達性成熟時飼養的改變原則

⑴光照時間必須延長。

⑵需改餵飼產蛋飼料。

⑶增加飼料的餵飼量。

⑷提高鈣的給與量。

7. 自育成期進入產蛋期的飼養

種雞由育成期進入產蛋期時，約初產前 2 週改餵飼產蛋飼料。並改為每日餵飼，產蛋率未達 3～5% 以前，需依體重給料，產蛋率達 5% 以後增加飼料量。增加飼料量後亦應配合增加光照時間，否則將致使雞隻過於肥胖。雞隻約於初產前之 2 週開始增加光照時間。

8. 自初產至產蛋高峰的飼養

初產後的 3～4 週間，營養分尤其是熱能需要量的增加迅速，故應迅速增加種雞的餵料量，為使雞隻能採食符合其產蛋營養需要的飼料量，可採「挑戰式」飼養法。即種雞於初產後至產蛋高峰（30 週齡左右）前，其每週飼料的餵飼量依照次 1 週之預期所需的飼料量，或每 100 隻雞增加 0.9 公斤的餵料量，使雞隻的產蛋率能充分發揮，雞群接近產蛋高峰時，增加飼料餵料量應小心，應少量增加餵料量，如提高餵料量 8～10 天，未見產蛋率再增加時，則停止增加餵料量，此表示該餵料量已足夠雞隻產蛋高峰的需要。

9. 產蛋高峰後的飼養

產蛋高峰之後，產蛋率開始下降，必須每 2 週取樣稱重 1 次，避免種雞體重增加太快，此時的增重主要為體脂肪的增加，故於產蛋高峰後應減少餵料量。此時亦可採用挑戰式飼養，於產蛋高峰後或產

蛋率下降約 5% 時，每天每百隻雞減少餵料量約 0.2 公斤，經 7 天如產蛋率未比正常情況下降快，則再減少餵料量，如產蛋率發生不正常之下降，則必須恢復產蛋率未下降前的餵料量，如果產蛋率是正常的下降，則可以繼續減少少量飼料直至約 60 週齡。

10. 賴孵雞的管理

有些種雞尚保有強烈的賴孵行為，尤其是平飼的雞隻，如發生賴孵行為，應將賴孵雞隻關於鐵絲網籠中隔離，使無法接近巢箱，並置放於空氣流通、光線充足的雞舍，如此經過數天後，可終止其賴孵行為，再開始產蛋。另方面每日集蛋時，產蛋箱內的賴孵雞應趕出，夜間應關閉產蛋箱，以防雞隻在產蛋箱內過夜。

11. 光照管理計畫

產蛋期間光照管理相當重要，此階段光照管理的原則為每日光照時間漸增或每日光照時間維持一定長度。臺灣種雞舍均採用開放式的雞舍，點燈時間應配合自然的日照時間。在雞隻於初產前約 2 週增加飼料餵料量之同時，應增長光照時間為 14 小時，自然日照不足的部分則以點燈補足，以後每週增加光照時間 15～30 分鐘，至每日光照時間為 15～15.5 小時為止不再增加。於預定淘汰前之 8 週，再將光照時間延長至 24 小時，同時再增加餵料量，一方面可刺激產蛋，另方面可促進肥育。

12. 強迫換羽

種雞強迫換羽的方法，參照產蛋雞強迫換羽的方法行之。

13. 種公雞的管理

種公雞之優良與否，影響雞群的繁殖能力至鉅，故種公雞的管理相當重要。

⑴體重控制

　種公雞在育成階段即應注意體重的控制，公雞具有標準體重，為
提高種蛋受精率的必要因素。同時亦應注意公雞發育的整齊度，
種用小公雞發育整齊的關鍵為：

①早期限飼。

②完善的剪喙。

③快速的飼料分配。

④足夠的飼槽空間。

⑤使用精確的磅秤來秤量飼料。

　於 7 週齡時，在全雞群中平均取樣至少 1% 的種公雞，逐隻秤重。
其整齊度的標準：75～80% 的種公雞體重應在標準體重的 ±15%
範圍內。

⑵公母比

　當種公雞進入產蛋舍，使用自然交配時，應維持 11～12 隻公雞配
100 隻母雞，公雞太少無法使每隻母雞都配到，公雞太多則因打
鬥而造成授精率不佳。如採用籠飼行人工授精，則每隻公雞可配
80～100 隻母雞。

⑶種公雞的更替

　如在種公雞進入產蛋舍時多加入 2～3% 的種公雞，可提高產蛋初
期種蛋的孵化率。至種雞達 26 週齡時，將此多出的 2～3% 種公
雞，加入已生產 6 個月的老母雞群中，可提高老母雞群的孵化率。
老母雞群引入年輕的公雞必定引起打鬥，重新排定社會地位。故
新公雞的引入應在黑暗時進行，並注意雞群的健康情形，及防疫
計畫是否一致。

習題

1. 試說明優良肉雞雛雞品質如何選擇？

2. 試說明育雛器有哪幾種，並說明其優劣點。

3. 試簡略說明進雛前的準備工作。

4. 試說明雛雞保溫的適當溫度。

5. 試說明雞隻剪喙的目的。

6. 試說明高溫熱緊迫下，雞隻的飼養管理。

7. 試說明蛋雞與種雞育成期限飼與體重控制的重要性。

8. 試說明肉雞與蛋雞點燈照明各有何不同目的？

9. 試簡略說明蛋雞光照計畫如何實施？

10. 試說明雞隻強迫換羽的目的。

11. 試說明雞隻強迫換羽的方法。

12. 試說明雞隻以絕食、絕水強迫換羽是否成功的判斷。

13. 試說明多產雞與寡產雞或休產雞的鑑別。

14. 試說明啄食癖的防止。

15. 試說明賴孵雞的管理。

實習七
雞的防疫接種

一、學習目標

在學習本實習後應能：

1.瞭解防疫接種的重要性與目的。

2.說出雞隻應接受防疫接種的項目。

3.熟悉各種防疫接種的操作技術。

二、使用的設備與材料

雞、注射器、點眼、噴霧器及各種疫苗。

三、學習活動

（一）說明

1.防疫接種的目的

預防多種雞隻的傳染病。

2.防疫接種的項目

依各地實際需要而略有差異，一般包括馬立克、雞痘、新城雞瘟 (ND)、傳染性支氣管炎 (IB)、傳染性喉頭氣管炎 (ILT)、傳染性滑氏囊炎 (IBD) 等。

3.防疫接種的方法

⑴肌肉或皮下注射：如頸部皮下、翼肩部或腿部肌肉注射。

⑵點眼、點鼻：以活毒疫苗直接點於眼或鼻部的粘膜。

⑶噴霧：將活毒疫苗依適當濃度溶於水中，使用噴霧器噴霧於雞舍中，此法應避免疫苗被風吹去。

⑷飲水接種：將活毒疫苗依適當濃度溶於水中，供雞隻飲用，此法必須注意勿使水中的消毒劑或金屬離子破壞疫苗的效力，在供飲

水前，雞隻先斷水 1～2 小時，使溶解疫苗的水，能在短時間內為雞隻飲用完畢，增加飲水器使所有雞隻均能飲用到。

（二）操作

1.於現場由學生實地練習操作。

2.雞隻所需防疫接種的種類與方法，舉例如表 2-24。

▶表 2-24　防疫接種之種類與方法

雞齡	種類	接種方法
1 日	馬立克	頸部皮下注射
4 日	ND + IB（混合，活毒）	點眼、點鼻、噴霧、飲水
14 日	ND（活毒）	點眼、點鼻、噴霧、飲水
14～21 日	雞痘	翼膜穿刺
16～18 日	IBD（活毒）	飲水
21 日	ILT（活毒，視情況而定）	飲水
24 日	IB（活毒，視情況而定）	飲水
28 日	ND（死毒）	肌肉注射
35 日	ILT（活毒，視情況而定）	飲水
56 日	ND（死毒）	肌肉注射
17 週	ND（死毒）	肌肉注射
17 週以後	ND（死毒）	每 3 個月肌肉注射 1 次

註：ND：新城雞瘟。IB：傳染性支氣管炎。IBD：傳染性滑氏囊炎。ILT：傳染性喉頭氣管炎。

四、學後評量

1.以筆試測驗本實習相關的問題，10 題中能答對 6 題以上者為及格。

2.每分鐘進行點眼或點鼻防疫接種 15 隻以上且正確者為及格。

實習八
寡產雞的淘汰

一、學習目標

　　在學習本實習後應能：

　1.說出鑑別寡產雞有哪些方法。

　2.瞭解寡產雞的特徵。

　3.培養學生經營的成本觀念。

二、使用的設備與材料

　　產蛋雞舍與雞籠、生蛋中的蛋雞一批（多產雞與寡產雞混合）、記錄紙。

三、學習活動

　1.多產雞與寡產雞的特徵，參照教材中的說明。

　2.學生每人均依鑑別方法，現場實際進行鑑別出寡產雞，並記錄每隻雞的特徵。

四、學後評量

　　以 20 隻蛋雞（多產雞 10 隻、寡產雞 10 隻），由學生鑑別並列出其特徵，以答對 60% 以上者為及格。

四、鴨的飼養管理

　　鴨為臺灣農村的一項傳統性家禽，臺灣養鴨的歷史可溯至明末清初鄭成功復臺時，由於氣候與地理環境適宜，以及鴨體質強健、抗病力強等因素，養鴨遍及全省各角落。近幾十年來，更由於鴨隻選種改良，土番鴨生產系統的建立，鴨人工授精技術的開發與應用及鴨隻營養分需要量之訂定等養鴨科技的突破，　使養鴨事業由傳統性副業經營，游牧式的飼養方式轉變為大規模的專業化、企業化經營。

　　養鴨為臺灣唯一有自有種源的家禽產業，因此，雖在進口種雞與肉雞強大的壓力下，仍能呈穩定成長。而未來要面對國際化、自由化及環境保護等情勢，養鴨產業唯有朝向自動化、機械化等新科技的應用，才能經得起國際間自由經濟競爭的衝擊。

（一）肉鴨的飼養管理

　　臺灣肉鴨飼養，主要以土番鴨與北京鴨及番鴨為主，土番鴨為臺灣最主要的肉鴨，全年約生產 3,800 萬隻供應國內市場消費，而北京鴨則以分切冷凍肉及二次加工品供應外銷，　番鴨的年產量約 500 萬隻，為提供作為薑母鴨的最佳材質。3 種品種各有不同的生長特性及肉質性狀，故其消費對象及市場需求，肉品加工利用各有不同的導向。土番鴨一般飼養 70 天出售，10 週齡體重可達 2.7 公斤，全期飼料利用效率為 3.20，土番鴨出售日期與羽毛生長情形有很大關係，視羽毛生長情況，決定出售日期。商用北京鴨則約 60 天即可屠宰，一般土番鴨飼養可分成育雛期及生長肥育期 2 階段。各期飼養管理要點如下：

1.臺灣肉鴨飼養的型態

⑴游牧式養鴨（俗稱逃冬）

早期民間當水稻收割後，放鴨群入稻田任其追尋覓食。因雜食性，所到之處，如田螺、貝殼、雜草、昆蟲等，均啄食不遺，日暮成群鴨趕回鴨寮，為昔時養鴨人家的寫照，或者有的由中南部，將雛鴨往北部沿田間趕養，隨地紮營過夜，至臺北近郊正是成鴨趕集上市。如今勞工欠缺，農田噴灑農藥，此種傳統的游牧飼養已不復存在，有者也是少數零星小群，閒餘老工，趁時價好，賺取外快，因為如此可節省飼料成本約 40%。

⑵河床養鴨

早期臺灣全省主要河川溝渠，河流沿岸，水流清澈，源源不斷，河水來自峽谷山澗，溪水清涼、水溫低，兼之沿岸細粒砂石，正是養鴨的好地方，如屏東的東港溪，彰化的大甲溪，臺中的大肚溪，宜蘭的武荖坑溪等，是昔時養鴨的溫床，迄今社會型態變遷，有鑑於養鴨對水資源河床的汙染，這些河川已被劃定為家禽禁養區域，所以往日的好景已逐漸枯萎，而銷聲匿跡。

⑶漁牧綜合經營

以漁塭養殖、堤岸養鴨的綜合經營模式，養魚兼養鴨，養鴨不景氣時，魚獲量還可彌補成本之支出，相輔相成。在臺灣如高雄的阿蓮、湖內及臺南學甲，此種經營方式相當盛行。

⑷圈飼養鴨

由於土地的覓得不易，現今的土番鴨、種鴨或肉用番鴨飼養，漸趨採用圈飼方法飼養，具管理容易，可高密度飼養，排放水或廢棄物可以集中處理，架設機械化、自動化工具、省工省時，可擴大飼養規模。

2. 雛鴨的選擇

雛鴨健康與否，將是育成率、生長效率良好與否的決定因素。優良
雛鴨腳趾具有光澤，動作靈活，臍部和肛門收縮良好，若腳趾乾枯，
即為出殼過久，此種雛鴨育雛率不高；至於蛋黃吸收不良，腹部大
而缺少彈性的雛鴨，俗稱「大肚仔」，一般大肚仔及肛門收縮不全者
死亡率很高。

3. 育雛期（0～3 週齡）

(1)育雛的準備

入雛 1 週前將育雛場所，飼養器具充分洗淨且消毒待用，檢視電
源保溫設施，一切準備妥當。

(2)墊料使用

有稻殼、木屑、稻草等。墊料應選擇吸潮性高、無汙染、結塊性
低的材質，使用後要時常翻動或更換受潮溼墊料，以維持場地乾
燥清潔，免受臭氣傷害粘膜或髒物沾汙羽毛，影響保暖度及身體
不適感而減低採食慾。飲水器周圍宜用鴨床或網狀地面，保持乾
燥。

(3)保溫設備

以傘形育雛器，紅外線保溫燈，為 2 種常用之保溫設備，各有利
弊，應充分了解器材性能與使用方法，以補充其缺失，如氣溫昇
降，會影響保溫效果，應作適當調節，調整傘形育雛器的火焰大
小或紅外線燈上下移動、圍籬板的距離或墊草厚度等。此期間雛
鴨視氣候狀況予以適當保溫，其適當溫度第 1 週為 30～34 ℃
(86～93 ℉)，第 2 週是 28～30 ℃ (82～86 ℉)，第 3 週是 24～
28 ℃ (75～82 ℉)，視環境溫度調整保溫期的長短，夏季 2 週，冬
季氣候寒冷需保溫 4 週。

⑷育雛面積

　每3.3平方公尺（坪）床面積可飼養一週齡雛鴨100隻，2週齡 80隻，3週齡70隻，至3週齡大致上可以廢溫移至室外鴨舍飼 養，但要視氣候情況而定，逐步廢溫使適應環境溫度，應選在溫 暖天氣時廢溫為宜。

⑸入雛

　雛鴨在出殼後24小時能送達飼養地點為宜，雛鴨放入育雛器內， 第1、2天察看睡眠活動情形，是否溫度舒適，且觸摸腹部看看蛋 黃吸收情形，因通常出殼後20～30小時腹腔內大部分蛋黃殆已吸 收呈柔軟空洞，且不時飢聲吱叫，有採食飲水動作，至第3天檢 視部分雛鴨嗉囊內有否飼料、蹼腳皮膚是否有光澤，糞便由綠色 胎便轉變為土白色飼料便。1星期內為育雛的危險期，占死亡率 的95%，若垂弱或體病雛鴨此期就會出現死亡。

⑹防疫接種

　1日齡進行病毒性肝炎疫苗接種，可使用免疫血清或疫苗噴霧。

⑺剪喙

　此時期如必要時做好剪喙，以防中鴨期有啄毛的弊害。

⑻飼料槽與飲水器

　要保持適當距離與足夠規定數量，尤其飲水器周邊最易潮溼，故 飲水器要以網狀臺墊高且時常清洗、乾燥。

⑼洗浴

　初生雛鴨因自身溫度調節機能尚未發達，入池中游泳，容易發生 軟腳及羽毛含水不易乾燥，增加死亡率。如欲讓雛鴨洗浴梳理羽 毛，則於中午溫度高時，給予5～10分鐘之游泳，不宜時間過久， 以免受寒。

⑽光照

　育雛舍整夜點燈，可使雛鴨保持安靜，每 33 平方公尺（10 坪）面積使用 1 盞 20 瓦日光燈或 60 瓦鎢絲燈泡。

⑾飼料

　此期間給飼的育雛鴨料，以使用碎粒狀者比粉狀者為佳，粗蛋白質不低於 18%，其營養需要量如表 2–32、2–33 所示。此階段宜採用任食，以促進生長。

4.生長肥育期（3～10 週齡）

土番鴨繼承公系番鴨及母系改鴨的遺傳特質，具有生長快速，強健性及肉質鮮美，脂肪少的優點，土番鴨在 3 週齡的體重約為初生時的 12 倍，而北京鴨則為 14 倍，北京鴨雖然初期生長比土番鴨快，但至 8 週齡以後就停頓下來，土番鴨是一直平穩成長至 10 週齡，所以經濟飼養期間與鴨肉品質本性上各有不同，其生長體重及飼料效率列如表 2–25。

▶表 2–25　不同品種體重及飼料轉換率

品種	中改土番鴨		北京鴨	
週齡	體重（公克）	飼料轉換率	體重（公克）	飼料轉換率
0	46	–	58	–
3	540	1.78	845	1.99
5	1,240	2.32	1,910	2.47
7	1,760	3.07	2,750	3.04
8	2,120	3.18	3,180	3.21
9	2,290	3.52	3,370	3.52
10	2,500	3.72	3,440	3.89

資料來源：臺灣畜產試驗所宜蘭分所。

　　至 3 週齡廢溫之雛鴨，體重已達 600～800 公克左右，相當活潑，要衡量適當飼養面積而擴大鴨舍範圍，增加活動空間。自 3 週齡後，應漸更換為生長鴨料，生長鴨料以粒狀者飼料利用效率較佳。

　　日常管理上，應注意鴨舍清洗、衛生與通風，此時鴨場乾燥非常重要，潮溼影響羽毛生長，使生長緩慢，應注意鴨隻採食量，發育、活動及排便情形，並隨時檢視有無啄羽現象，造成啄羽的原因多而複雜，密飼、飼料中營養分缺乏或不平衡均會引起啄羽，啄羽是此階段最常見的飼養管理問題，通常發生於約 25 及 45 日齡，若欲避免發生啄羽，可於育雛期間實施剪喙。生長肥育期鴨隻羽毛之光澤及生長整齊度可作為大群鴨隻飼養好壞之指標。5～8 週齡期間，腹羽及翅羽仍在生長，飼料中應有足量礦物質及維生素供其發育。肥育期間，應儘量減少鴨隻活動，熱季時，飼養場所需有遮蔭設施，並充分供給清涼飲水，冬季則應防寒冷之季風吹襲，以維持鴨隻正常食慾，生長期間的土番鴨應採手飼，因 3 週齡後採食量增加，若採任食，會增加浪費、降低飼料利用效率，每日定時給飼 2 或 3 次，可有效減少飼料浪費並改善飼料利用效率 。 土番鴨 1～10 週齡體重及飼料消耗量列如表 2–26。

▶表 2–26　土番鴨 1～10 週齡體重及飼料消耗量

週齡	體重 （公克）	每週飼料消耗量 （公克）	累計飼料消耗量 （公克）
1	150	140	140
2	340	280	420
3	600	420	840
4	1,040	800	1,640
5	1,450	1,060	2,700
6	1,760	1,150	3,850
7	2,100	1,250	5,100
8	2,430	1,300	6,400
9	2,640	1,250	7,650
10	2,770	1,210	8,860

資料來源：鴨隻營養分需要量手冊，1988。

（二）蛋鴨的飼養管理

　　臺灣菜鴨乃由先民移居臺灣時自中國大陸華南引進的，褐色菜鴨為臺灣最主要的蛋鴨品種，臺灣褐色菜鴨因產地不同，大致可區分為宜蘭種、大林種及屏東種，其中以宜蘭種的體型較大且較晚熟；屏東種體型最小，早熟且產蛋數較多，為最典型的菜鴨。褐色菜鴨母鴨全身為淡褐色，羽毛中央有黑條紋，出現並不一致，有明顯的，也有輕微的，有的幾乎無黑色條紋。褐色菜鴨的性成熟日齡隨品系及飼養方法不同而有差異，一般在不限飼的情況下，約 90～95 天初產，但一般蛋鴨戶則均加以限飼，故初產日齡約在 140～150 天之間。每日飼料攝取量約 130～140 公克，每年產蛋數超過 250 枚，蛋重約 65 公克，呈深綠色、淡綠色或白色不等，成熟母鴨體重約 1.3～1.5 公斤。

　　菜鴨的飼養管理依其生長階段可分為育雛期（0～4 週齡）、生長期（4～9 週齡）、育成期（9～14 週齡）、產蛋期、換羽期、第二產蛋期。各期飼養管理要點如下：

1. 育雛期（0～4 週齡）

育雛期間的主要工作，如前述肉鴨的飼養管理方式，菜鴨體型較小，活動力強，喜歡玩水，所以要特別注意保溫工作。

2. 生長期（4～9 週齡）

菜鴨生長期飼養的好壞，影響到將來產蛋性能至鉅，這段期間，骨骼與羽毛的生長發育迅速，應注意飼料品質與各種營養分的供應充足，尤其應特別注意維生素與礦物質的含量要足夠供應生長所需。此階段為預防啄羽發生，應調整飼養密度、飼槽及飲水器的數量及大小，飼料及飲水可採任食，並儘量增加鴨隻活動，避免過於肥胖，隨時注意鴨隻的健康及羽毛生長狀況。

3. 育成期（9～14 週齡）

育成期的飼養方式影響日後菜鴨初產日齡、蛋重與產蛋持續性，為延長性成熟時間與初產日齡及獲得較大的蛋重與較長的產蛋持續性，菜鴨育成期通常採限飼，限飼的方法分為：①限量法，即給與正常採食量之 70～80% 飼糧；②限質法，給飼低營養濃度的飼糧。採用限飼時，亦應注意羽毛的生長，尤以腹下羽毛生長關係以後的產蛋性能。限飼於 110～120 日齡起停止，於 7 天內逐漸恢復任食，並於產蛋前 2 週，逐步轉換為產蛋期飼料。在育成期需完成最後 1 次預防注射，主要是病毒性肝炎和家禽霍亂。鴨隻應於開始產蛋前 2 週，要由設備較簡單的鴨舍，趕入設有產蛋欄的產蛋鴨舍，鋪上墊料。菜鴨初產前體重及飼料消耗量，列如表 2–27。

▶表 2–27　菜鴨初產前體重及飼料消耗量

週齡	體重 (g)	平均每日飼料消耗量 (g)
4	540	45
9*	1,010	115
12	1,110	130
16	1,170	145

註：* 自 9 週齡起限飼，飼料含粗蛋白質 13%，代謝能 2,650 kcal/kg。
資料來源：鴨隻營養分需要量手冊，1988。

4.產蛋期

育成期如採限飼，菜鴨通常於 140 日齡開始產蛋，產蛋開始前鴨舍內應設有產蛋欄，產蛋欄內可鋪稻草、粗糠或乾砂以保持鴨蛋清潔。產蛋期間應注意維持穩定的環境及飼養管理，避免急劇變化，造成對鴨隻的緊迫，而影響到產蛋。產蛋開始後，鴨舍夜間應點燈，於夜間 11 時趕鴨子進入產蛋欄，大約連續 1 週使養成習慣於產蛋欄內產蛋，產蛋欄內的墊料應經常保持清潔乾燥，如此可獲得較清潔的鴨蛋。菜鴨於產蛋期間有體重減輕的現象，所以飼料與水應採任食，隨時注意鴨隻產蛋情形、蛋殼品質、羽毛保持豐滿光澤，以維持高產蛋率及產蛋持久性。在產蛋期間，應隨時注意鴨群的習性，如發現鴨隻有啄食鴨蛋的情形時，應檢查飼糧中蛋白質、鈣、磷及食鹽的含量，並儘量將蛋撿拾乾淨，以避免鴨隻啄食。菜鴨初產後各月產蛋率列如表 2–28。

▶表 2–28　菜鴨初產後各月產蛋率

月別[*]	產蛋率 (%)
1	50
2	91
3	93
4	95
5	95
6	92
7	92
8	91
9	90
10	89

註：* 自產蛋率達 50% 起計算之月次。
資料來源：鴨隻營養分需要量手冊，1988。

5. 換羽期

菜鴨開始產蛋後 10 個月，產蛋率逐漸下降，為獲得較高的產蛋率，一般多施行強迫換羽，當產蛋率降低至 65% 時，即開始實施強迫換羽，同時並淘汰健康不良或寡產的鴨，強迫換羽期間夜間不點燈，7 天內逐漸減少飼料量，至第 7 天絕食，第 8 天以人工拔除主翼羽，拔羽後 7 天內逐漸恢復飼料量至全量，強迫換羽後，飼料中應補充維生素及礦物質，換羽後 30～50 天內開始恢復產蛋。

6. 第二產蛋期

強迫換羽後的鴨隻，因年齡及體型都較大，其飼料消耗量較多，而對蛋白質及鈣與磷的吸收利用變差，因此需提高飼糧中的鈣量，以維持正常產蛋，一般第二產蛋期的鴨隻，仍可維持 6～8 個月的產蛋期。

（三）種鴨飼養管理

　　種鴨在臺灣養鴨種類之中，有改鴨、北京鴨、番鴨及菜鴨，由於其體型、採食性、種鴨用途、成熟期、產蛋數等各有不同，故飼養管理上也有異，而本文主要針對臺灣每年生產 4,000 萬隻土番鴨的種鴨，也就是占飼養數最多的品種——改鴨，作為討論的重點來敘述飼養管理的要點。

1. 改鴨（臺畜十一號）的特性

臺灣畜產試驗所宜蘭分所為選育白色土番鴨親代，將以公北京鴨與母白色菜鴨（臺畜一號）雜交一代的母系，也就是改鴨（臺畜十一號），再以人工授精方法雜交公系番鴨，所生產的土番鴨其白色羽毛出現率高，雛鴨較大，生長快速，廣受臺灣鴨農歡迎。改鴨的育雛期間（0～3 週），生長期（4～9 週）和育成期（10 週～產蛋）可以參考菜鴨的飼養管理方式，其品種特性列如表 2–29、2–30。

2. 產蛋前育成期的限飼

種鴨母系除了產蛋率及蛋重、蛋殼品質要佳以外，亦要具備繁殖性能良好的條件，如受精率、孵化率、存活率等，這都是選拔品種特性的要項。雖然種的賦性俱在，也要注意產蛋前育雛、育成期有良好的飼養管理，才能使優良的遺傳因子在往後的產蛋期呈現出來，所以說育成期是產蛋準備的重要階段。一般產蛋型的家禽，都要求有健全發育、體軀均勻、不能太肥或太瘦、適當的體重控制，是必要的飼養管理步驟，宜蘭改鴨各週齡體重如表 2–29 所示，可作為適當體重控制的參考。

▶表 2–29　宜蘭改鴨各週齡平均體重（公克）

週齡	初生	2	4	10	16	40
體重	42.2	322	1,222	1,727	2,042	2,100

資料來源：臺灣畜產試驗所宜蘭分所。

▶表 2–30　宜蘭改鴨產蛋性能

項目	50% 產蛋數 日齡	40 週齡 蛋重 (gm)	210 日齡 產蛋數	280 日齡 產蛋數	360 日齡 產蛋數
平均	163	73.9	43	99	157

資料來源：臺灣畜產試驗所宜蘭分所。

3.種鴨飼養管理

母鴨經過育成期至 20 週齡將進入產蛋期，產蛋之前，種鴨應作 1 次篩選，淘汰體型不佳、太瘦小、肥胖型或腳蹼受損者。20 週齡起開始轉換飼料為產蛋鴨料，初產後約 40～60 天就達產蛋率 80% 產蛋高峰期，有些種鴨若於鴨群初產 60 天以後仍未產蛋者即是寡產鴨，可觸摸腹部檢視其柔軟度、彈性，一般而言腹部較硬者為寡產，可作為淘汰的抉擇。如此初產至產蛋高峰的期間長短、蛋重整齊度及種鴨淘汰率，正是探討種鴨品系及育成期或限飼管理成敗判定的標準，作為今後飼養管理的參考。

種鴨飼料維持一定飼料標準及含豐富維生素、礦物質。採食飼糧隨產蛋率或蛋重、天候氣溫而修正，每日給料以剛剛可以吃完為止，2～3 個月測量體重 1 次，維持在初產體重的正負 10%，如太輕或太重對於產蛋持續或蛋重都有不良的影響，這是日常管理的重要課題。此外孵化率、受精率及蛋殼品質、破殼蛋比率都是反映飼料營養或餵飼量正常與否的徵兆，要趁早期發現異狀做適宜的補救措施，以免措手不及，造成換毛或停產。

鴨舍環境應求清潔乾淨，通風良好，涼爽舒適，供應清涼飲水，時常更換產蛋巢內墊草，且每個月徹底消毒 1 次，消除異味，防止病原菌之禍源，定期作家禽霍亂及鴨病毒性肝炎疫苗注射，妥善做好預防計畫。種鴨防疫計畫如表 2–31。種鴨開始人工授精的適當時期，是在產蛋率 50% 以上時。

母改鴨使用公番鴨來作人工授精，公番鴨一般達性成熟年齡在 30 週齡以後，趁早關入公鴨籠內飼養，管理上須注意其個體清潔，並注意籠子大小適中，供給充足清潔的飲水，隨時注意羽毛生長情形，避免主翼羽脫落的嚴重換羽情形。公番鴨關入籠內後，做馴應與催情、採精訓練，若公鴨已達性成熟，以母鴨試情，就有性興奮與衝動的動作，進行採精後，作精液性狀檢查，以判定公鴨是否已達性成熟，精液是否可作為授精用。公鴨由於籠飼，故其飼料的熱能含量不宜太高，不可給與母鴨飼料，因鈣含量太高，可使用肉鴨前期料。

▶表 2–31　種鴨防疫計畫表

年齡	疫苗種類	注射方式	注射量
1 日齡	病毒性肝炎疫苗	肌肉或皮下注射	0.5 cc/隻
4 週齡	病毒性肝炎疫苗	肌肉注射	1.0 cc/隻
4 週齡	家禽霍亂疫苗	肌肉注射	1.0 cc/隻
8 週齡	病毒性肝炎疫苗	肌肉注射	1.0 cc/隻
8 週齡	家禽霍亂疫苗	肌肉注射	2.0 cc/隻
22 週齡	病毒性肝炎疫苗	肌肉注射	1.0 cc/隻
22 週齡	家禽霍亂疫苗	肌肉注射	3.0 cc/隻

資料來源：臺灣畜產試驗所宜蘭分所。

4.雛鴨公母鑑別

雛鴨出殼後，即可使用肛門觸摸法鑑別公母，由於鴨隻生殖器官發達，小公鴨在出殼時陰莖呈小棒狀，以食指和拇指自左右兩側緩緩觸壓肛門部分，即可感覺有 1 條硬硬的線在肛門部，此即為公鴨。母鴨無陰莖，故觸摸肛門時，呈柔軟光滑的感覺。

（四）鴨隻營養分的需要量

鴨為臺灣傳統的家禽事業，有關鴨營養分需要量已有諸多研究，茲就肉鴨（土番鴨）與北京鴨營養分的需要量，列於表 2-32 至表 2-34，以供參考。

▶表 2-32　肉鴨（土番鴨）對能量、蛋白質和胺基酸的需要量[a]

營養分	0～3 週		3～10 週	
	最低需要量	推薦量	最低需要量	推薦量
能量[b]，kcal/kg	2,750	2,890	2,750	2,890
粗蛋白質，%	17	18.7	14	15.4
精胺酸，%	1.02	1.12	0.84[c]	0.92
組胺酸[d]，%	0.39	0.43	0.32	0.35
異白胺酸，%	0.60	0.66	0.49	0.54
白胺酸，%	1.19	1.31	0.98	1.08
離胺酸，%	1.00	1.10	0.82	0.90
甲硫胺酸[d] + 胱胺酸，%	0.63	0.69	0.52	0.57
苯丙胺酸[d] + 酪胺酸，%	1.31	1.44	1.08	1.19
羥丁胺酸[d]，%	0.63	0.69	0.52	0.57
色胺酸，%	0.22	0.24	0.18	0.20
纈胺酸，%	0.73	0.80	0.60	0.68
甘胺酸 + 絲胺酸，%	1.11	1.22	0.62	0.71

註：a 以含 88% 乾物質之風乾基表示。
　　b 能量推薦量 = 能量最低需要量 × 1.05。
　　c 數據下畫線者為估計值。
　　d 以玉米 - 大豆粕飼糧之胺基酸組成，估計胺基酸之需要量。
資料來源：鴨隻營養分需要量手冊，1988。

▶表 2–33　肉鴨對維生素及礦物質的需要量（每公斤飼糧含單位數或百分比）[a]

營養分	0～3 週		3～10 週	
	最低需要量	推薦量[b]	最低需要量	推薦量[b]
維生素 A，IU/kg	5,500	8,250	5,500	8,250
維生素 D，ICU/kg	400[c]	600	400	600
維生素 E，IU/kg	10.0	15.0	10.0	15.0
維生素 K，mg	2.0	3.0	2.0	3.0
噻胺，mg	3.0	3.9	3.0	3.9
核黃素，mg	4.6	6.0	4.6	6.0
泛酸，mg	7.4	9.6	7.4	9.6
吡哆醇，mg	2.2	2.9	2.2	2.9
維生素 B_{12}，mg	0.015	0.020	0.015	0.020
生物素，mg	0.08	0.10	0.08	0.10
葉酸，mg	1.0	1.3	1.0	1.3
鈣，%	0.60	0.72	0.60	0.72
總磷，%	0.55	0.66	0.50	0.60
有效磷，%	0.35	0.42	0.30	0.36
鈉，%	0.13[c]	0.16	0.13	0.15
氯，%	0.12	0.14	0.12	0.14
鉀，%	0.33	0.40	0.29	0.35
鎂，mg	400	500	400	500
硫，mg	–	–	–	–
錳，mg	60	72	50	60
鋅，mg	68	82	68	82
鐵，mg	80	96	80	96
銅，mg	10	12	10	12
碘，mg	0.40	0.48	0.40	0.48
硒，mg	0.15	0.15	0.15	0.15

註：a 以含 88% 乾物質之風乾基表示。
　　b 脂溶性維生素：最低需要量乘以 1.5 為推薦量；水溶性維生素：最低需要量乘以 1.3 為推薦量。礦物質：除硒外，最低需要量乘以 1.2 為推薦量。
　　c 數據下畫線者為估計值。
資料來源：鴨隻營養分需要量手冊，1988。

▶表 2–34　美國 NRC 和康乃爾大學推薦的白北京鴨營養需要量（續下頁）

營養分	雛鴨（0～2 週）	生長～肥育鴨（2～7 週）
蛋白質，%	22 (22)	16 (16)
代謝能，kcal/kg	3,080 (2,900)	3,080 (3,000)
kcal 代謝能／% 蛋白質	140	192
鈣，最低 %	0.65	0.6
鈣，最高 %	1.0	1.0
磷，總磷 %	0.65	0.60
磷，有效磷 %	0.45	0.40
鈉，%	0.18 (0.15)	0.18 (0.15)
氯，%	0.14 (0.12)	0.14 (0.12)
錳，mg/kg	55 (50)	45
鋅，mg/kg	60 (60)	60
硒，mg/kg	0.20 (0.20)	0.15
碘，mg/kg	0.37	0.35
維生素 A，IU/kg	8,000 (2,500)	5,000 (2,500)
維生素 D_3，ICU/kg	1,000 (400)	500 (400)
維生素 E，IU/kg	20 (10)	15 (10)
維生素 K，mg/kg	2.0 (0.5)	1.0 (0.5)
維生素 B_1，mg/kg	1.0	1.0
核黃素，mg/kg	4.5 (4.0)	4.5 (4.0)
維生素 B_6，mg/kg	3.0 (2.5)	3.0 (2.5)
維生素 B_{12}，μg/kg	10.0	5.0
泛酸，mg/kg	12 (11)	11 (11)
生物素，mg/kg	0.15	0.10
甲硫胺酸或甲硫胺酸 + 胱胺酸	0.80 (0.70)	0.60 (0.55)
甲硫胺酸	0.44 (0.40)	0.32 (0.30)
離胺酸	1.20 (0.90)	0.80 (0.65)
色胺酸	0.25 (0.23)	0.20 (0.17)
精胺酸	1.20 (1.10)	1.00 (1.00)
纈胺酸	0.88 (0.78)	0.68 (0.56)
甘胺酸	1.10	0.80
羥丁胺酸	0.80	0.61

異白胺酸	0.90 (0.63)	0.75 (0.46)
組胺酸	0.44	0.34
苯丙胺酸或苯丙胺酸＋酪胺酸	1.50	1.30
苯丙胺酸，最低	0.80	0.61
白胺酸	1.32 (1.26)	1.00 (0.91)

資料來源：括弧中之數字為 NRC (1994)，其餘轉摘自陳保基與黃暉煌，1993。家禽飼料，畜牧要覽飼料篇，
　　　　　p.342。

五、鵝的飼養管理

　　臺灣的養鵝事業，早期均屬於家庭副業飼養，飼料主要以農產副產物及高纖維質的草料為主。臺灣所飼養的主要品種為中國鵝與白羅曼鵝，以供肉用為主。白羅曼鵝飼養至 12 週齡左右，體重平均約為 4.8～5.2 公斤；而中國鵝則體型較小，12 週齡時平均體重約為 4.2～4.5 公斤，亦有飼養超過 12 週齡方上市供肉用者，其生長速度視精料的供給量而有差異。

（一）鵝的習性與生理特徵

　　鵝與鴨同為水禽類，其習性及生理特徵，與鴨相似之處頗多，鵝的體型較鴨為大，性亦好游水，善於覓食水生動植物，全身絨毛密生，保溫性極佳，為製造絨毛被和衣服良好的原料，鵝較其他動物膽怯、最怕驚嚇，但合群性強，有利於放牧，善於啃食田間牧草，性喜安靜，但極為敏感，遇陌生人或動物即鳴叫不已。鵝無嗉囊，當儲存飼料時，其食道呈紡錘形膨大，稱假嗉囊，但有強大的砂囊及發達的盲腸，能消耗大量粗料、食量大、體健生長迅速。鵝的尾部具有分泌油脂的腺體，分泌油脂，平時以喙舔沾潤澤全身羽毛，具防水及使羽毛油亮美觀的作用。鵝尚具候鳥的習性，其繁殖季節為每年的 9 月至翌年的 5

月間，中國鵝的繁殖季節較白羅曼鵝約提早 1 個月。鵝隻之配種以在水中居多。有些鵝如加拿大鵝是遵守一夫一妻制，不同品種的公鵝，通常母鵝不接受配種。

（二）鵝舍

鵝雖喜好游水，但喜居於乾燥的處所，故除供給水池為鵝隻游水外，尚需備乾燥的地方供鵝隻棲息。臺灣氣候溫暖，許多肉鵝場除育雛舍外，並未設置鵝舍，僅提供遮蔭的場所及設備，而種鵝一般均設有鵝舍。鵝舍的地面應能經常保持乾燥，以砂壤土，疏鬆易排水的土質為佳，地面以填石礫或煤炭渣為地基，舍內地面上再鋪稻草、蒿稈等將更能保持清潔乾燥。鵝隻身體強健，對環境的適應能力強，故鵝舍的建築可以力求簡便，不過臺灣夏季天氣炎熱，鵝舍屋頂或蔭棚的材料，隔熱效果需良好，以提供鵝隻暑熱時蔽蔭之場所。鵝舍外附運動場及水池，運動場的面積至少與舍內的面積相等或更大些，最好能有舍內面積的 1 倍大，水池的面積，肉鵝每隻約需 0.6～0.7 平方公尺，種鵝則需較大些，每 3.3 平方公尺（坪）飼養 3～4 隻，水深在 30 公分以上，水應經常更新，保持清潔，如利用池塘或河溝水浴時，應注意農藥或工業廢水汙染水源，同時應注意上游水源斃死禽畜的疾病傳染。育雛舍的構造需較講究，需能保溫，但通風良好，日光能充分照射，每棟育雛舍以容納 600～800 隻雛鵝為宜，並區分成若干小間，每間 20～30 平方公尺容納雛鵝約 100 隻為度。

（三）給飼與飲水設備

鵝舍內設置飼料槽與飲水器，依據鵝隻的大小與年齡不同，供給適當數目的飼料槽與飲水器，每隻鵝所需的飼料採食或飲水空間，1～

10 日齡為 2.5～3 公分 ； 11～20 日齡為 3.5～4 公分 ； 21 日齡以上為 4.5～5 公分。飼料槽與飲水器應能防止鵝隻進入槽內踐踏，飲水器的水應經常保持清潔。

（四）鵝的營養與飼料

1. 鵝的營養需要

鵝營養分需要量之研究資料頗為缺乏，NRC (1994) 所推薦的營養分需要量亦不完整（表 2–35）。作為種用之鵝，自 12 週齡起應供給維持用的飼糧，直至產蛋前 2 週改為種鵝飼糧。在臺灣環境溫度較高，可視環境溫度的情況，提高飼糧中的蛋白質或降低代謝能含量來調節。鵝之覓食能力極強，可啃食牧草，於生長期可酌量供給優良的青牧草，不但可提供維生素來源，纖維可維持正常的消化生理機能，可防止啄食癖及種鵝過於肥胖。

▶表 2–35　鵝飼糧營養分需要量

營養分	0～4 週齡	4 週齡後	種鵝
代謝能，kcal/kg	2,900	3,000	2,900
蛋白質，%	20	15	15
離胺酸，%	1.0	0.85	0.6
甲硫胺酸＋胱胺酸，%	0.60	0.50	0.50
鈣，%	0.65	0.60	2.25
非植酸磷，%	0.30	0.30	0.30
維生素 A，IU/kg	1,500	1,500	4,000
維生素 D_3，IU/kg	200	200	200
核黃素，mg/kg	3.8	2.5	4.0
泛酸，mg/kg	15.0	10.0	10.0

資料來源：National Research Council, 1994. *Nutrient Requirements of Poultry.* National Academy Press, Washington, D. C.

2.飼料

鵝之飼料依其營養分含量可區分為 3 大類：

⑴精飼料

　　含較高量的可消化營養分，如穀物類、糟糠類、油粕類和農產、畜產及水產之製造粕類等。

⑵粗飼料

　　含高量的粗纖維及低量的可消化營養分，如青草、乾草、青貯料、蒿稈類等。

⑶特殊飼料

　　添加少量而具有特殊的生理效果者，如維生素類、礦物質類、胺基酸、抗生素、酵素、荷爾蒙劑、著色劑等。

　　鵝無牙齒，亦無嗉囊，採食之飼料主要依靠砂囊（筋胃）磨碎，崩解植物的細胞壁，再進入腸道內消化吸收。鵝雖可採食多量的草料，可消化利用部分之纖維，但其消化利用之能力並不強，纖維可促進腸胃蠕動，加速食糜通過消化道的速率，使消化道的排空速度加速，以致飼糧中纖維含量愈高，食糜在腸道中的停留時間愈短，致粗纖維的消化率愈低，同時亦致使飼糧中的其他營養分之消化率下降，飼料效率變差，故鵝雖可以放牧採食多量草料，但為加速鵝隻的生長，縮短飼養時間，提高飼養效率，必須補充精料以滿足鵝隻的營養需要。不過飼糧中纖維含量過低亦不宜，因纖維質飼料有刺激消化管的作用，並可清除腸胃廢物的功能，維持消化機能的正常，有助於鵝的正常生長發育，飼糧纖維含量以 9～12% 之範圍為佳。除富纖維質的飼料外，鵝之飼料來源與雞之飼料並無甚大差別 。 為減少鵝採食飼料時的浪費，以粒狀飼料餵飼為宜。青飼料最好能細切後摻與精料一起餵飼，以減少粗老莖部遺棄的浪費。

　　依據臺灣畜產試驗所彰化種畜繁殖場資料，以粉狀飼料和青刈狼尾草細切，混合餵飼，採圈飼任食方式飼養鵝隻，鵝隻的生長成績如表 2–36 及表 2–37 所示，於 3～9 週齡為生長發育最快之時期，第 10 週以後生長逐漸變慢。

▶表 2–36　鵝生長過程之體重變化（單位：公斤）

週齡　　種別	白羅曼鵝	中國鵝
初生鵝	0.110	0.105
1	0.265	0.264
2	0.62	0.56
3	1.05	0.96
4	1.91	1.50
5	2.83	1.86
6	2.92	2.25
7	3.45	2.56
8	3.81	2.93
9	4.11	3.44
10	4.32	3.77
11	4.87	4.15
12	5.05	4.35
13	4.94	4.22
14	4.96	4.73
15	5.04	4.82
16	4.86	4.71
備註	自丹麥引入	有部分獅頭鵝血統

資料來源：臺灣畜產試驗所彰化種畜繁殖場。

▶表 2-37　鵝飼料消耗量（單位：公克／隻／日）

品種 週齡	中國鵝			白羅曼鵝		
	精料	牧草	總量	精料	牧草	總量
1	55.7	53.0	108.7	55.7	47.8	103.5
2	30.0	174.1	304.1	117.8	171.4	289.2
3	144.8	218.0	362.8	181.0	207.1	388.1
4	179.7	273.1	452.8	239.2	330.0	569.2
5	183.5	225.4	408.9	222.7	339.2	561.9
6	215.2	240.8	456.0	237.1	305.0	542.1
7	208.5	210.2	418.7	210.0	262.1	472.1
8	219.2	224.6	443.8	221.4	277.8	499.2
9	220.1	237.3	447.4	212.8	247.8	460.6
10	216.5	218.7	435.2	216.7	275.4	491.4
11	214.8	220.9	435.7	233.5	283.5	517.0
12	188.4	184.2	372.6	190.0	237.8	427.6
13	216.6	280.9	497.5	210.0	292.8	502.8
14	246.6	261.4	507.0	270.0	230.0	500.0
15	232.8	248.5	481.3	242.8	228.5	471.3
16	187.5	230.4	417.9	182.7	234.2	416.9
合計（公斤）	15.2	17.2	32.5	16.3	20.8	37.2

註：飼料消耗合計量，係採自第 1 週到第 12 週止。
資料來源：臺灣畜產試驗所彰化種畜繁殖場。

（五）雛鵝（0～4 週齡）的飼養管理

　　雛鵝孵化後至 3～4 週齡期間內，由於羽毛尚未生長完全，身體被覆絨毛，對外界環境溫度亦無調節能力，消化器官與消化機能亦尚未完善，抵抗力較差，但雛鵝的新陳代謝極為旺盛，且生長迅速，此期間如飼養不當，容易造成死亡，故此期間的飼養管理應特別留意，以提高育成率。

1. 育雛前的準備

(1)育雛設備的消毒

在新一批雛鵝到達之前，必須將育雛的場地、器具及給溫設備準備齊全，育雛舍及器具等清洗乾淨後，徹底消毒。

(2)保溫器溫度的調整

進雛前 24 小時，應測試並調整育雛器內的溫度使達 30～32 ℃ (85～90 ℉)。

(3)飲水

在雛鵝到達前 4 小時，即應備妥飲水器裝滿飲水，並放入育雛器內，使溫度能達室溫，飲水中可添加維生素或抗生素以防止鵝隻運送及處理過程所發生的緊迫。

2. 雛鵝的選擇

初生健康的雛鵝，重約 105～120 公克，臍部收縮良好，絨毛密生具有光澤，以手捉握時掙扎有力，叫聲宏亮，腹部柔軟，行動活潑，肛門周圍乾燥，收縮良好，眼有神無分泌物，無畸型者。

3. 育雛的溫度

目前雛鵝之育雛一般均採用人工育雛，其方法可分為自溫育雛及人工給溫育雛 2 種。

(1)自溫育雛法

以前一般農村家庭傳統之少量副業飼養時，採用此種方法，乃採用稻草或竹編成的籠筐，亦有採用木箱者，內鋪以稻草等墊料後，將雛鵝置於其中，以雛鵝自體發出的體熱來保溫，晚上天氣較冷時，則以布覆蓋在籠筐之上，以保持溫度，白天如天氣暖和時，放出運動場活動，每一籠筐依其大小，飼養隻數不同，由 10～20 隻不等，隻數不可太多以免互相擠壓窒息而死亡。

⑵人工給溫育雛法

此為一般大規模飼養普遍採用之方法，其方法與雞之育雛類似。雛鵝孵出後約 24 小時即可移入育雛室內，以使用傘形育雛器最為普遍。1.52 公尺（5 尺）直徑的傘形育雛器可飼養 100～125 隻雛鵝。雛鵝育雛的溫度較雛雞為低，開始育雛時，育雛器內之溫度為 30～32 °C (85～90 °F)，以後每週降低 2.8 °C (5 °F)。雛鵝對溫度之反應非常敏感，如果溫度適當，則雛鵝在育雛區內分布均勻、呼吸平和、睡眠安靜，可以看得出雛鵝舒適的感覺；如果溫度太高，則雛鵝飲水，遠離溫源；如溫度太低，則雛鵝鳴叫不安，互相擁擠於溫源下、絨毛直立、軀體捲縮。故管理人員應隨時觀察留意雛鵝的反應，調整育雛器內之溫度。保溫期間的長短，視氣候狀況而定，一般夏季 1～2 週；冬季 2～3 週，廢溫應採漸進方式，首先白天先廢溫，然後晚上一併廢溫。圖 2-10 為人工保溫之一例。

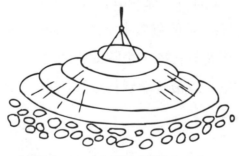

▶圖 2-10　傘形育雛器人工保溫

4. 育雛的溼度

潮溼對雛鵝健康與生長均有不良的影響，若溫度低而溼度高，常致使雛鵝體熱散失，雛鵝會感覺寒冷不適，易感染疾病；若溫度與溼

度均高，則體熱散失受抑制，體熱在體內聚積，將引起物質代謝與食慾降低，致抵抗力下降，生長不佳。故育雛室內應注意通風，保持乾燥，室內的相對溼度以維持於 60～70% 為佳。因鵝喜戲水，如採地面平面育雛，易造成育雛室地面潮溼，須常更換墊料（草），尤其是雨季。採用高床條狀或網狀床面育雛，並保持室內通風良好，則無此困擾。

5. 照明

鵝膽小易受驚嚇，應有適當照明，使雛鵝有安全感，照明的亮度以每 3.3 平方公尺使用 20 燭光日光燈 1 支，或 60 燭光燈泡 1 個為適當，懸掛高度約 2 公尺高，日光燈或燈泡，應經常擦拭保持清潔。照明亦不可過亮，以免雛鵝發生啄羽、啄肛等啄食癖。

6. 放牧與水浴

放牧與水浴可促進食慾及生長，提高對環境的適應能力及抵抗力。依雛鵝之健康狀態及天候情況，夏季於雛鵝孵化後約 7 日齡，冬季 10～20 日齡，天晴時可將雛鵝放牧於小運動場中，使自由啄食青草，約 10～14 日齡，可放置於小水池中游泳，剛開始時放牧與水浴時間不宜過長，起初放牧約 1 小時即趕回舍內，水浴當絨毛被水浸透便應趕回育雛室，以後逐漸延長放牧與水浴時間，天候不良時則不可放牧或水浴。

7. 飼養密度

育雛密度每平方公尺面積可飼養的隻數，依據雛鵝的日齡不同而異，例如表 2-38 所示。飼養密度過大，雛鵝的生長發育較差，易引起緊迫而啄毛和打鬥。

▶表 2–38　雛鵝之飼養密度

日齡	隻數／平方公尺
1～7	15～25
8～14	10～15
15 以後	8～10

8. 給水及餵料

在雛鵝到達前，育雛器內應先備妥飲水。雛鵝到達後放入育雛器內，應確定每隻雛鵝均喝到水，此點非常重要，在給水後 2～3 小時可供給飼料，一般應於雛鵝出殼後 24～36 小時開始餵料，不要超過 48 小時。雛鵝階段因其消化器官和消化機能尚未發育強壯，且鵝無嗉囊，僅有一個不明顯的食道膨大部，食物的貯存量不多，故雛鵝的飼料應選擇品質優良，質地較鬆軟者，此階段的飼料應含粗蛋白質 20～22%；代謝能 2,750～2,900 仟卡／公斤。飼料可使用粉狀或粒狀，給與的青飼料應細切。

9. 剪喙

如雛鵝的飼養密度過大，活動面積不足，飼料營養成分不平衡，或採食與飲水空間不足等，常引起互相啄食絨毛，養成啄羽癖，影響雛鵝的生長發育、羽毛的生長及鵝群的整齊度，為減少此種困擾，於雛鵝階段可實施剪喙，使用雞的剪喙器剪喙。

10. 防疫接種

雛鵝階段應實施病毒性腸炎之防疫工作，於 4 週齡時，並實施家禽霍亂疫苗之接種。

11. 其他應注意事項

育雛室的環境應安靜，避免粗暴的管理操作及大聲喧嘩，以免雛鵝遭受驚嚇堆聚。雛鵝群每群以 100～150 隻為宜，不可太多。

（六）生長期的飼養管理

雛鵝經育雛階段後，羽毛逐漸長出，對環境的抵抗力逐漸增強，此時亦能消耗大量的草料及粗飼料。一般農家副業飼養主要餵飼青飼料如牧草、河溪岸邊的野草等，再補充農產副產物如糠麩類、番薯等，所需飼料成本低，但生長緩慢，飼養期長。大規模企業化的養鵝場，肉用鵝通常飼養至 12～13 週齡左右出售，一般採圈飼飼養，餵飼精飼料及青飼料，餵飼精飼料與青飼料之量，依鵝品種的大小及視市場價格之變動而調整，通常精飼料每隻每日約供給 200～250 公克，其餘補充青飼料使自由採食，如為因應市場價格需延遲出售時間，則減少精飼料的供給量，增加青飼料的餵與量，或降低飼料的品質。此階段精飼料的粗蛋白質含量為 15～18%；代謝能 2,800～2,900 仟卡／公斤。留作種用的鵝隻，應加以限飼（約為任食之 80%），以避免過於肥胖，並給予充分運動如放牧。

（七）肥育期的飼養管理

一般大規模企業化飼養肉用鵝，以飼養至 13 週齡左右出售為多，在出售前 3～4 週須加以肥育，以提高屠體品質。在肥育之前實施內寄生蟲的驅除，可提高肥育的效果。肥育期採圈飼飼養，增加精飼料的給與量，降低光照強度，鵝隻保持安靜，減少運動。肥育的方法分為自由採食法及填食法，大規模飼養的情況下，採前者的肥育方法，以肥育飼料供鵝隻任食，在肥育過程中，隨時留意鵝糞的變化情形，於鵝糞出現黑色，條狀變細，質地結實時，表示鵝的腸管開始蓄積脂肪，此時宜減少青飼料的供給量，再增加精飼料的供給量，以加速肥育，縮短肥育時間，提高經濟效益。

（八）種鵝的飼養管理

1. 種鵝的飼料與飼養

達 70～90 日齡選留作為種用之鵝，其生理仍處於生長發育與換羽階段，飼糧配方與餵飼，應依換羽快慢和健康狀況，作適當調整，在 12 週齡以上改用粗蛋白質 12～14% 的維持飼糧， 於第 2 次換羽完全後，改以粗飼料為主，精飼料為輔的飼養方式，粗飼料如盤固草、狼尾草、苜蓿及三葉草等，每日每隻精飼料的供給量約為 120～150 公克，勿使鵝隻過於肥胖，此時充分餵飼粗飼料，可使新母鵝不致於產蛋太早，致蛋太小之缺點，可使開始產蛋期較一致，並培養耐粗飼的能力，降低飼養成本。在繁殖季節前 1 個月改餵飼粗蛋白質 14～16% 的種鵝飼料，並增加精飼料的供給量，以貯備產蛋所需的營養，並促進鵝群在短時間內及時大量換生新羽，一俟主翼羽與副翼羽換完後，再增加精飼料的比例，如此可使年產蛋量增加。精飼料的供給量，每日每隻約為 160～200 公克，依種鵝的肥瘦程度調整精飼料之供給量。

2. 種鵝的選拔

種鵝在接近產蛋前 20～30 天，應進行選拔。

⑴種公鵝的選拔

種公鵝除應具備品種特徵，體格大小適中，健壯、發育良好，胸部寬廣而深，心圍圓滿，胴體深長，兩眼明亮銳利，腿長且兩腿距離寬廣，兩腳強壯有力，鳴聲宏亮，羽毛光亮等。另外應檢查選拔陰莖之發育狀況良好者，並實施人工採精，檢查精液品質，選擇精液品質良好者作為種用。種用公鵝的體型應比母鵝大，但亦不能太大或過肥胖，太大的公鵝繁殖力差，不適作種用。

⑵種母鵝的選拔

種母鵝應具備品種特徵，體型大小適中，頭頸細緻，線條優美，兩眼明亮有神機警，肥瘦適中，母鵝如過肥則繁殖力薄弱，不適合作種用。

3.公母比

每隻公鵝配母鵝之隻數，依品種與體型大小不同而異，如小體型的中國鵝、白羅曼鵝，每隻公鵝可配 4～5 隻母鵝，大體型的種鵝如土魯斯鵝和愛姆登鵝，每隻公鵝可配 2～3 隻母鵝，而加拿大鵝則是 1 比 1 配對者。如果種鵝群中公鵝過少，則母鵝的受精率低，但如公鵝過多，將會增加飼料的消耗量，增加飼養成本，且公鵝會互相打鬥，反而造成配種不佳，故公母鵝的比例應適當。

4.配對方法

公母鵝的配種常有特定的對象，在配種前必須使彼此相當熟悉，故公母鵝相處的時間愈長愈好，最好是自雛鵝開始一起飼養者。如非一起飼養長大者，則在繁殖季節期間，要留意觀察鵝群公母組合，是否完全配對，母鵝是否全配種，以免生產無精蛋，造成損失。

5.種鵝的光照管理

許多試驗顯示光照會影響種鵝的繁殖性能，但不同研究者、不同鵝品種及不同的環境條件，試驗結果常不一致。在採取開放式飼養的方式下，按自然光照的時數，於夜晚再補充人工光照，於鵝隻開始產蛋時，每日給與 13 小時光照，然後逐漸延長光照時間至 15 小時，可促使母鵝在冬春季增加產蛋量，提高全年的產蛋量。在臺灣的環境條件下，中興大學的試驗發現，長光照（16 小時）可促進母鵝短期間內產蛋量之提高，但也提早休產，每日 8 小時的短光照，產蛋季節中產蛋率雖較低，但可延長產蛋期，在非產蛋季節內亦會產蛋，

使產蛋不會集中在冬春二季。在中國大陸廣東的試驗報告亦證明，廣東地方品種鵝在非繁殖季節內，控制每日光照在 9.5 小時之情況下，4 週以後，公鵝的陰莖形態、性反射、精液品質均明顯較自然光照組優，母鵝則於控制光照 3 週後也開始產蛋，並能在整個非繁殖季節內正常產蛋，而當光照控制組恢復自然光照後，每日光照時數由短變長，約 7 週後，公鵝陰莖萎縮，可採精率下降至零，而母鵝恢復自然光照約 3 週後也停止產蛋，全年產蛋率以光照控制組較自然光照組為高。在波蘭之研究結果亦發現，每日 8 小時之短光照可使義大利白鵝的年產蛋率提高，使鵝隻在產蛋季節之前提早產蛋。由以上之研究結果，我們可使用光照管理來控制鵝隻的產蛋，不過各地的氣候條件不同，其結果具有差異。

另方面，鵝的性成熟也會受光照之影響，性成熟年齡受雛鵝最初 4～5 個月間的光照期變化影響較小，母鵝與母雞相同，隨著年齡的增長，對光照變化之影響愈來愈敏感，20～40 週齡的鵝，若置於長光照下，可促進性早熟，但若飼養於漸減光照之環境下，則性成熟延遲，公鵝亦呈相同的現象。

6. 鵝的公母鑑別法

⑴外型鑑別法

鵝與雞不同，外型無明顯的第二性徵，除少數品種如雁 (pilgrim goose) 可依毛色分辨公母，白羅曼及愛姆登鵝初生 1 週的雛鵝可依絨毛色之濃淡區別公母（母的絨毛顏色較深）外，非經驗豐富者，不易由外型鑑別公母。一般成熟的公鵝較母鵝體格稍大，叫聲較為尖銳，而母鵝的叫聲則較低沉，公鵝的頭與頸較粗大且長。

⑵肛門鑑別法

水禽類的陰莖發達，可作為鑑別的依據，無論雛鵝或成熟鵝均可

藉翻轉肛門皺壁，觀察陰莖之有無，公雛鵝（1 日齡）的陰莖呈粉紅色螺旋狀，約長 3 公厘，母雛鵝的肛門皺壁翻轉後，下端平平，且顏色較淡白，成年公鵝的陰莖呈螺旋狀，約長 3〜5 公分，陰莖包藏於排泄腔壁上的陰莖鞘內，母鵝則在排泄腔前有一小突起物，頗似鵝的陰莖，需仔細辨認。下圖顯示公母雛鵝肛門翻轉後差異之比較。

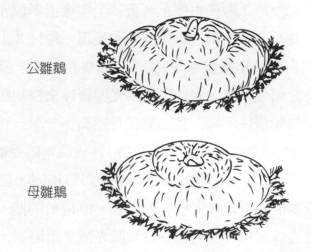

公雛鵝

母雛鵝

7.強迫換羽

強迫換羽可改變鵝隻的產蛋期，例如改變鵝隻於 4〜12 月產蛋，母鵝於 12 月下旬，以強迫換羽之方式，使之停產換羽，俟隔年 4 月恢復產蛋。強迫換羽的方法如下：

⑴拔除主翼羽

在 12 月下旬減少飼料供給量，使產蛋減低，然後再以人力或機械拔去主翼羽，鵝隻隨之停產，其他部位的羽毛也漸次脫落，2〜3 個月後新羽長成，再增添飼料，於隔年 4 月恢復產蛋。

⑵絕食、絕水

此與雞的強迫換羽方法類似，先絕食 1 日後，再絕水 3～5 日左右，繼續絕食約 10～20 日，依鵝隻的肥瘦狀況決定絕食的日數，一般以 14 日為宜，然後再逐漸恢復給食，如此鵝隻於半個月後可漸次換羽。此方法亦可調整於隔年 4 月恢復產蛋。

六、火雞的飼養管理

火雞過去在臺灣農村均以副業方式飼養，後來政府為提高農民對火雞的飼養管理技術，先後成立養火雞示範村，而奠定臺灣火雞的飼養事業。臺灣飼養的火雞以貝爾茨維爾小型白火雞及其雜交種為主。

（一）育雛

1.入雛前的準備

在入雛前須先整理火雞舍環境，清洗消毒火雞舍、育雛器及飼料槽、飲水器等設備，並備妥墊料。在雛火雞到達前 1 天應裝妥育雛器，飲水器中加滿清潔新鮮的飲水。

2.育雛器

火雞可使用雞的育雛器，雞使用的巴達利育雛器及傘形育雛器均可使用，育雛器所能收容的雛火雞隻數，為雞之 1/2～2/3 容量。

3.初生雛火雞的選擇

⑴體重

初生體重約 56 公克以上，太輕的不佳。

⑵活力

應具活力、精神飽滿者。

⑶眼睛

　　眼睛應明亮、大而有神。

⑷腳脛

　　腳脛具有光澤、健壯者。

⑸肛門

　　肛門周圍無汙物汙染或白痢者。

⑹臍部

　　臍部周圍收縮良好而平者。

⑺觸感

　　柔軟、飽滿具有彈性者。

⑻其他

　　無畸型、無跛腳或頭部歪斜者。

4.育雛的要素

⑴溫度

　　育雛的溫度，隨週齡的增加而降低，第 1 週 35～36.7 °C (95～98 °F)，第 2 週 32.2～35 °C (90～95 °F)，第 3 週 29.5～32.2 °C (85～90 °F)，第 4 週 26.7～29.5 °C (80～85 °F)。亦可由雛火雞在保溫欄中的活動狀況，判定育雛器內的溫度是否適當。其方法與雞的育雛相同，可參閱雞的育雛說明。冷天需保溫 4 週，而熱天則需 2 週。

⑵溼度

　　育雛的溼度，第 1 週相對溼度以 60～65% 為適當，第 2 週起以 55～60% 為適宜。溼度太高常易誘發各種疾病。

⑶換氣

　　育雛期雖要注意保溫，但換氣亦不可忽略，如通風換氣不良，容

易引發呼吸道疾病，每公斤體重的雛火雞每小時應有 5 立方公尺
的通風量。

⑷光照

雛火雞在孵化後，育雛的最初 2 日應給與 24 小時連續光照，光照
強度為 7～10 呎燭光，以後則每日可減少光照至 14 小時，光照強
度減低為 3～5 呎燭光。

5.給水與給飼

在雛火雞到達前，育雛器中的飲水器即應灌滿清潔的飲水，在最初
之 2 日，每 50 隻雛火雞使用 1 公升大小的飲水器 1 個，2 週齡以後
使用較大的飲水器，使每 1 火雞具有 1.27 公分（1/2 吋）直線的飲
水空間。雛火雞到達後先給水，然後供給飼料，雛火雞於孵化後
36～48 小時餵飼，不可超過 72 小時，開始給與飼料時需先教飼，
在育雛器內鋪上紙張，將飼料撒在紙上，讓雛火雞學習啄食，俟雛
火雞會啄食後再把飼料放於飼料槽內，任其自由採食。0～4 週齡雛
火雞飼料的蛋白質含量需要 28%，代謝能含量需要 2,800 kcal/kg。
小火雞喜歡吃青蔥或幼嫩青菜，青蔥可促進火雞的消化作用，供飼
時必須細切混於飼料中。

6.剪喙

為防止火雞啄食癖，減少飼料浪費，提高飼料效率，於 5～7 日齡可
實施剪喙，剪喙的方法與雞的剪喙相同，可參考運用。

7.防疫

雛火雞在 3 週齡時，需接種雞痘疫苗，接種部位為翅膀內側翼膜，
接種 1 週需檢查是否出痘，未出痘者，需再接種 1 次，於 4 週齡時
需實施新城雞瘟疫苗及家禽霍亂疫苗預防注射，在翼肌注射，劑量
各為 1 cc。

（二）育成期的飼養管理

　　火雞體質較雞強健、運動遲緩，容易管理。8 週齡以後的小火雞已漸漸長大，可由育雛器移到附有運動場的火雞舍中，舍內設置棲架，以供夜間棲息用，白天可放牧於草地上，讓其自由採食與活動，放牧地上應設有棚舍，以供避風雨，飼料漸次更換為生長期的飼料。此時可漸增加青飼料供應量，火雞如有良好的放牧或充足的青飼料供應，不但可節省飼料成本，且可促進火雞的健康。小火雞於 2 個月齡時應驅除盲腸蟲，以後每隔 2～3 個月定期驅蟲 1 次，可減少黑頭病的為害。於 4 個月齡時再加強注射新城雞瘟及家禽霍亂疫苗 1 次，劑量各為 2 cc 及 3 cc。火雞在育成期間，應注意勿使密飼，給水與給飼空間應足夠，每隻火雞應有 36 公分的給飼空間。火雞舍內應保持通風，如舍內溼氣太高，氨氣太重，將易引致呼吸器官等疾病的發生，影響火雞的發育，降低屠體品質，並易發生啄羽、啄肛等不良習性。

（三）大火雞的飼養管理

　　火雞依飼養目的不同，在管理上亦有差別，如作為肉用，可公母混合飼養到 20～24 週齡上市整批出售。如欲留作種用，則飼養到 8～16 週齡後，應公母分開飼養，直到開始產蛋前 2 週（約 28 週齡）再混合飼養，以便配種，此段期間應選拔淘汰畸形與發育不良者。作種用的公火雞，其體重不要超過母火雞的 2 倍以上，公母的比例為 1 比 10～15。不過公火雞應該較實際所需要數量多 1/5，以備在 7 月齡最後選拔時，再淘汰不良者。此階段火雞應供給充分的青飼料或放牧，以維健康。

（四）種用火雞的飼養管理

火雞約於 28 週齡趕入產蛋舍開始配種，約於 30 週齡時開始產蛋，此時改餵飼產蛋期飼料。其管理要點如下：

1. 置放產蛋箱

在火雞產蛋前應提早將產蛋箱放入火雞舍內，讓母火雞熟悉產蛋箱，使在產蛋箱內產蛋，產蛋箱可使用一般的魚箱製造即可，平均每 4 隻母火雞使用 1 個產蛋箱即可，產蛋箱底鋪乾燥的稻草或粗糠，把產蛋箱置於較安靜且較蔽蔭、母火雞可自由出入的場所。

2. 適當的公母比

每 1 產蛋舍不可置放太多公火雞，以免打鬥影響配種，可採小群制飼養，一群以 2 隻公火雞配 20～30 隻母火雞。

自然配種時，有時因公母火雞體重相差過大，母火雞背部常被踩傷，或公火雞互相打鬥受傷，管理人員應隨時留意，加以治療。

3. 產蛋習性

火雞繁殖具有季節性，每年 12 月至翌年 5 月間為火雞盛產時期，到夏季休產，年產蛋數平均為 80 枚，一般在夏季休產後即將火雞淘汰，再選另一批小火雞，因飼養休產的火雞很不經濟，且第 2 年的產蛋率較第 1 年低（約低 15%），且休產火雞淘汰後，可空出產蛋舍進行清潔消毒。

4. 補強預防注射

在預定產蛋前 2 週，應再補強注射新城雞瘟疫苗及家禽霍亂疫苗 1 次，劑量分別為 3 cc 及 5 cc，使子代由親代獲得較高的移行抗體，確保 1 個月齡內雛火雞的健康。

5.人工光照

光照不但會刺激母火雞產蛋，也會影響公火雞的精液量與品質，故種用火雞需以人工光照補充自然光照之不足，種火雞在改換成產蛋飼料時，開始人工點燈，每 3.3 平方公尺使用 10 瓦的電燈泡 1 個，燈泡懸掛的高度為 2.4 公尺（8 臺尺），燈泡的位置要能照射到火雞舍內每一個角落，燈泡要時常擦拭乾淨以增加其效率。點燈的時期可從 12 月或 1 月開始點燈。每天點燈的時間與日照時間加起來需 14 小時，最多不超過 15 小時，點燈時間如有增減，必須採漸次增減，不可突然增減，點燈可在早晨或傍晚，也可在早晨或傍晚各點燈一半時間，在產蛋終了前可採 24 小時光照。

6.限飼

種火雞在育成期限飼，可使性成熟延遲，減少早產蛋過小，不符孵化之用，且可提高孵化率。種火雞在產蛋期亦應適度限飼，以免體脂肪過度堆積，影響母火雞的產蛋及繁殖性能，並可降低死亡率及節省飼料費用。種火雞群應供給多汁的牧草或青飼料達飼糧的 30%，如此可節省精飼料，並能提高繁殖性能。

7.防止賴孵

種母火雞尚具有賴孵性，雖不產蛋但仍占據巢箱，影響其他母火雞的產蛋，賴孵的母火雞應趕至舍外，於牧草地或空曠光線明亮的處所飼養，約 10 天後母火雞即可回醒，再放回產蛋舍內飼養，如此可提高母火雞的產蛋量。

8.人工授精

公母火雞因有時體型差異懸殊，自然配種困難，則需採用人工授精，以提高受精率。供人工授精用的公火雞，通常群飼於隔離的公火雞舍內，於 3～4 個月齡即集中飼養，7 個月齡時即有配種能力，8～9

個月齡時受精率最佳。火雞精蟲在母火雞體內受精的持續日數較雞為長，1隻優良的公火雞每隔3天可採精1次，每次採精量約為0.25～0.5 cc，每cc含精蟲數80～120億。

火雞人工授精的方法略述如下：

⑴採精

　火雞採精前最好有4～6小時的停水及停料，可避免採精時排出糞尿而汙染精液。

　①採精前先以剪刀修剪泄殖腔周圍的羽毛，以免羽毛及其上附著的汙物汙染精液。

　②採精者左手沿火雞背部向尾羽方向撫摩數下，然後拇指與其餘的手指分別置於泄殖腔的兩側，並以手掌緊貼著尾羽。

　③右手之拇指與食指迅速於泄殖腔兩側腹部柔軟部分按摩，直至性慾勃起，退化交尾器自泄殖腔翻出時，右手即迅速翻轉，以事先夾於中指與無名指間的集精器承接退化的交尾器。

　④同時左手拇指與食指在泄殖腔兩側稍加壓力，濃稠微帶黃白色的精液即可流入集精器。

⑵授精

　①將母火雞的雙腳抓住，使母火雞頭部朝下，腹部向前，泄殖腔朝上，然後以腿夾住母火雞頭部。

　②左手握住母火雞雙腳，右手將尾根部往下壓，使陰道外翻。

　③另一人以注精器深入陰道內3～4公分，注入原精液約0.025 cc。

（五）種用火雞的選拔

　無論新育成的火雞或生產1年的火雞，如留為種用，則必須經過選拔，將體型欠佳者淘汰，其要領如下：

1. 步樣

走動時步伐要穩健，行動靈活。若有步伐遲緩、跛行、外踢者應淘汰。

2. 體態

平時站立時身體要平穩，姿態要正，由肩部至尾部呈自然傾斜，斜度約為 35～40°。若火雞站立時肩低背拱而尾部低垂者應淘汰。

3. 頭、頸

頭深廣、長短適中、頸直，嘴喙粗短而稍彎曲，眼大明亮有神，若有瞎眼或曲嘴者應淘汰。

4. 體軀

背要寬、平，胸要深而寬，拱背與龍骨彎曲或太短均不佳。

5. 翼

平直而有力，若主翼羽與副翼羽分裂或拗合，主翼羽外緣垂下者均為不良。

6. 腳與腿

腿要健壯並附有豐富的肌肉，脛部堅強而硬直，長短適中。兩膝蓋向內曲，弓腳（向外彎）均不良。

（六）火雞的營養分需要量

火雞的營養分需要量與其他家禽有些不同，火雞在生長期間對鋅的需求量特別高，種火雞的維生素 E、泛酸及生物素的需求量亦較其他家禽為高。

習題

1. 臺灣肉鴨飼養的型態可分為哪幾類？

2. 雛鴨的選擇為何？

3. 雛鴨及雛鵝如何鑑別公母？

4. 試說明蛋鴨育成期（9～14 週齡）的飼養管理應如何？

5. 試說明鵝的習性與生理特徵。

6. 試說明種鵝的選拔要點。

7. 試說明種鵝的光照管理。

8. 試說明種用火雞人工光照的要領。

9. 試說明飼養火雞為何要設置棲架？

10. 如何防止母火雞的賴菢？

實習九
鵝的公母鑑別法

一、學習目標

在學習本實習後應能：

1. 説出公母鵝外表形態的差異。

2. 瞭解公鵝陰莖的特徵。

3. 培養學生對鵝人工授精的基本認知。

二、使用的設備與材料

成熟的鵝及剛孵化的雛鵝各若干隻、鵝的解剖圖片或投影片。

三、學習活動

1. 介紹公母鵝肛門翻轉外觀的特徵差異。

2. 學生現場實地操作由翻轉肛門鑑別公母鵝的特徵。

四、學後評量

以成熟鵝隻或剛孵化後的初生雛鵝（公母各 10 隻），由學生鑑別，以答對 60% 以上者為及格。

第六節　禽舍

一、禽舍建築的原則

禽舍為飼養家禽的處所，家禽為恆溫動物，必須飼養在適宜環境中，才能發揮潛在的生產能力。禽舍建築必須符合使用的目的，其建築原則如下：

（一）通風、採光良好、舒適、保溫、合乎衛生條件。

（二）設計上考慮建材經濟、耐用、維持費用低、節省開支。

（三）管理作業方便，容易清潔消毒者。

（四）安全性良好、無火災的顧慮，防溼、防熱，乾燥、排水良好，並能防止其他動物的侵襲。

（五）減少環境汙染，由於環境保護問題日益受重視，故需能合乎環境保護的要求。

二、理想的禽舍條件

（一）溫度

禽舍內的溫度會影響家禽的生理與生產性狀，家禽飼養於適溫下，其生長與產蛋性能最高，飼料效率最佳，環境溫度超過適溫區以上，家禽的生產效率即漸趨惡化，飼料採食量降低，生長速率減慢，產蛋率、孵化率及蛋殼品質變差；但環境溫度太低，因家禽需消耗營養分，產生熱能以維持體溫，致生產效率亦變差。故禽舍建築需考慮冬季可防寒，夏季可防熱的建築，注意禽舍建築的方向、高度、寬度

及屋頂的絕緣材料，臺灣位於熱帶及亞熱帶地區，夏季高溫多溼，須特別考慮夏季的防熱措施。禽舍理想的溫度約介於 15～24 °C 間。

（二）溼度

溼度與溫度對家禽生產性能的影響，有相互關聯性，在溫度高溼度也高之情況下，家禽因散熱不易，體溫調節較溼度低的情況困難，致食慾減退，生產性能變差，易罹患疾病。禽舍內的溫度，常因舍內換氣不良而提高，故禽舍的建築除需留意排水良好外，換氣良好的設計需多加考慮。

（三）換氣

禽舍內換氣不良，將提高舍內的溫度，高溫多溼對家禽健康的影響極大。尤其禽類的體溫較哺乳動物高，代謝也較快，因此禽類對氧氣的消耗量及二氧化碳的產生量較哺乳動物為高；另方面禽舍內糞便的發酵，將產生水蒸氣及有害的氣體，在正常情況下，15 ppm 氨量即使人不適，雞隻經常在 20 ppm 之情況下即受損害。因此禽舍內空氣極易受汙染，故禽舍的構造應考慮換氣良好，儘量採開放式，或以機械設備強制充分換氣。

（四）明亮

明亮乃指禽舍可充分利用太陽光線，光線有刺激家禽腦下垂體，產生激性腺內泌素，促進家禽生殖腺的發育及其機能。另方面，陽光有助於家禽體內維生素 D 的合成，而維生素 D 為促進鈣、磷的吸收與利用及骨骼正常發育所必需。陽光並具有保暖及殺菌的作用，減少舍內的溼度，維護禽類的健康，故禽舍內的明亮必須考慮，此種明亮並

非指陽光長時間直射在家禽身上，臺灣夏季高溫，直射的陽光將更提高舍內溫度，過分照射會產生日射病，故禽舍的明亮以反射光線為佳，直射的陽光以短暫為宜。

（五）經營管理的省力化及有效化

目前家禽的飼養均已傾向企業化及大型化，致疾病亦呈多樣化與經常化的現象，消毒衛生管理在疾病的防疫上，扮演極重要的因素，禽舍必須考慮能做到徹底消毒且便於消毒的設計。例如禽舍地面、牆壁等均應考慮表面容易清洗、消毒而無死角。禽舍的設備如產蛋箱、飼槽、水槽等，以易於移動、消毒者為宜。由於人工費用日益昂貴，且從事畜牧的工作意願低落，工人僱請不易，生產成本日益提高，飼養者的收益卻日益降低。在貿易自由化與國際化後，更需面對國外產品的競爭，不但需考慮擴大飼養規模，且需提高每一位工作人員的飼養隻數，提高工作效率，以進一步降低飼養成本。為達到此目的，必須改善禽舍的設備，使用省力、全自動的飼養管理設備，如自動給飼與飲水設備、糞便自動清除設備、自動集蛋與分級包裝設備等，如此不但可提高工作效率，且可改善工作環境，維護環境品質，提高工作人員的工作意願。

（六）經濟性與耐久性

禽舍建築的設計應考慮經濟適用，材料應堅固耐久，以減少生產成本，提高收益。

三、禽舍的種類

（一）雞舍

1.依密閉程度可分為兩類

⑴開放式雞舍 (open-sided poultry house)

為現今世界各地所使用的傳統雞舍，換氣方式採自然空氣自由流通雞舍方式。雞舍寬度不超過 10 公尺以免夏季酷熱而換氣不良。長度則不限，依使用便利與否及地形而定。屋頂採「人」字型屋頂，並採適當的絕緣措施；地面以易清潔消毒的水泥地為多；雞舍的左右兩側在臺灣常無牆壁，而採用塑膠布捲簾，依氣溫調節兩側開放程度。

⑵環境控制雞舍 (environmental controlled house)

所謂環境控制雞舍係雞舍內的環境情形，均可人為控制，儘可能符合雞隻最舒適的要求，故雞舍的建築，係完全封閉而無窗戶者，俗稱為無窗雞舍。雞舍內之汙濁空氣，藉強制排氣方式，排出雞舍外，而新鮮空氣則由空氣進口處被引入。雞舍的照明，使用人工光照。在氣溫高的夏季，空氣先經冷卻再引入雞舍，而在寒冷季節，通常不需供熱保暖，利用雞隻本身所產生的體熱，維持舍內的溫度。臺灣夏季氣溫高，過去絕少使用此種雞舍，不過最近肉雞及蛋雞業者已漸有使用此種雞舍，以水簾冷卻進入雞舍內的空氣。此種雞舍四周牆壁均已完全封閉，換氣必須妥善設計，屋頂需絕緣良好，雞舍寬度約為 12.2 公尺，寬度不宜過大，以免換氣困難，換氣方式大多採用負壓方式引入空氣，正壓換氣方式較不普遍。

2.依飼養管理方式不同可分為以下三類

(1)籠飼雞舍

在雞舍內放置雞籠，飼養雞隻的方式，一般之蛋雞及種用有色雞大多採用此種方式飼養，雞籠通常使用鍍鋅的金屬雞籠，每籠飼養 1～3 隻，雞籠在雞舍內的配置，通常為三層式排列。

(2)巴達利雞舍

此與籠飼雞舍類似，而以層疊方式配置，每層雞籠底下設置承糞盤，承接糞便。

(3)平飼雞舍

將雞群飼養於寬大的平面雞床上，稱為平飼。除舍內雞床外，尚有設置運動場者（飼養有色肉雞常使用），肉雞及種雞大多採用此種雞舍。

3.依用途不同可分

(1)育雛舍

專供育雛使用的雞舍，保溫良好，設置保溫設備。

(2)中大雞舍

作為蛋雞或種雞生長期（育成期）飼養的雞舍。

(3)產蛋雞舍

供產蛋雞產蛋用雞舍，以籠飼飼養為多。臺灣蛋雞舍側面無牆壁，有色雞的種雞也大多採用此種雞舍，利用人工授精。

(4)種雞舍

通常為部分地面 (40%)，設置於雞舍中央及部分條狀地板 (60%)，平均分置於雞舍二側的飼養方式，種雞舍較講究，屋頂常留通風孔（太子樓），在地面部分置產蛋箱。

(5)肉雞舍

通常採平飼的飼養方式，為了省工，都採用自動飲水槽及懸吊式飼料槽。臺灣夏季高溫炎熱，側面大多採開放方式，利用鐵絲網及捲引的帆布作為擋風擋雨之用。

（二）鴨舍

鴨屬水禽類，性善游水，全身絨毛密，保溫性極佳，且體格強健，對環境的適應能力極強，故鴨舍的建築無須如雞舍的講究，不過鴨隻膽怯，很容易受驚嚇而推擠在一起，尤其是孵化後 1 週內的小鴨，很容易因堆擠互相踐踏，造成死亡，故鴨舍內須有相當亮度的燈光。鴨舍除育雛舍為保溫需要，四周須設置牆壁外，其他的鴨舍通常以竹籬笆或鐵絲網代替牆壁，以防止鴨隻走失，而僅需具防雨、防熱的屋頂即可。鴨雖喜歡水浴，但水浴後喜歡站在高燥的地方，所以需要考慮此項處所，舍內的地面需能保持乾燥、清潔，以往是鋪設墊草，經常更換墊草以維清潔，現在則多使用鴨床，使鴨糞掉在床下面。以下為鴨舍建築的要點：

1. 鴨舍建築的一般原則

(1)地點必須水源充足、排水良好、交通方便。

(2)建材採價格低廉耐用者。

(3)通風、隔熱良好。

(4)易於操作管理。

2. 面積

(1)舍內面積

育雛時每 3.3 平方公尺（坪）可飼養 60～100 隻，成鴨可飼養 20～25 隻。

⑵運動場面積

運動場的面積至少應與舍內面積相等　，最好有舍內面積的 1 倍大。

⑶水池面積

水池面積每 3.3 平方公尺可供 50～65 隻鴨使用。

3. 舍內地面

舍內地面須較外面略高，地面可以水泥地面或填石礫地面，地面上再鋪稻草、乾砂，藁稈或使用鐵絲網地面。

4. 運動場

運動場可分

⑴砂地運動場

對羽毛、腳蹼的保護效果良好，但較不容易清潔。

⑵水泥運動場

容易清潔消毒，但羽毛及腳蹼容易受損害。

⑶細石或磚地運動場

較水泥運動場能保護羽毛及腳蹼。

⑷鴨床運動場

效果良好，但成本較高。

5. 產蛋設備

一般以產蛋木箱，或在鴨舍內靠牆處設置產蛋圍籬，高約 100 公分。

6. 水池

一般採用水泥水池，面積約為運動場的 1/3～1/4，最深處約為 30 公分。

7. 遮蔭設備

在運動場及水池周圍，栽植樹木作為遮蔭，或設置遮蔭設備，供鴨隻在炎熱時避暑。

8. 飼料槽

目前大規模的養鴨場，並未特別設置飼料槽，而在水池邊設一水泥平面，堆放飼料供鴨採食。如設置飼料槽，則每 50 隻鴨需 1 個 90 公分寬、150 公分長、10 公分深的飼料槽，或採用自動給飼設備。

9. 飲水設備

一般雖供給水池讓鴨隻游水，但亦需設置飲水設備，供給新鮮清潔的飲水，以防因飲用池水而感染疾病。

（三）鵝舍

鵝與鴨同屬水禽類，亦喜好游水，但喜居於乾燥的處所，故除供給水池為鵝隻游泳外，尚需備乾燥的地方供鵝隻棲息。臺灣氣候溫暖，許多肉鵝場除育雛舍外，並未設置鵝舍，僅提供遮蔭的場所及設備，而種鵝一般均設有鵝舍。鵝舍建築的要點與鴨舍雷同，茲分述如下：

1. 建築材料

以經濟、耐用為原則，隔熱效果需良好。

2. 面積

⑴舍內面積

育雛舍每 100 隻雛鵝約需 20～30 平方公尺，成鵝每隻約需 1.2 平方公尺。

⑵運動場面積

至少與舍內的面積相等或更大些，最好能有舍內面積的 1 倍大。

⑶水池面積

肉鵝每隻需有 0.6～0.7 平方公尺，種鵝需較大些，每 3.3 平方公
尺可飼養 3～4 隻。

3.舍內地面

鵝舍的地面應能經常保持乾燥，以砂壤土，疏鬆易排水的土質為佳，
地面以填石礫或煤炭渣為地基，舍內地面再鋪稻草、藁稈等，以保
持清潔乾燥。

4.運動場

以砂礫或細石者為佳，排水良好且清洗容易。

5.水池

水池的設置與鴨者相同，水深應 30 公分以上，以提高種鵝的受精
率。

6.遮蔭設備

如同鴨隻設置的遮蔭設備。

7.產蛋設備

種鵝需設置產蛋設備，以木板釘製長 60 公分、寬 45 公分、高 12 公
分的產蛋巢箱，供母鵝產蛋，每 3～4 隻需 1 個產蛋巢箱。

8.給飼與飲水設備

依鵝隻的大小與年齡不同，鵝舍內供給適當數目的飼料槽與飲水
器，每隻鵝所需的飼料採食或飲水空間，1～10 日齡為 2.5～3 公分；
11～20 日齡為 3.5～4 公分；21 日齡以上為 4.5～5 公分。飼料槽與
飲水器應能防止鵝隻進入槽內踐踏，飲水器的水應經常保持清潔。

（四）火雞舍

一般火雞舍的建築簡單，只要能遮蔽風雨即可，在溫暖且下雨不多的地區，火雞舍的建築，並非必需者。火雞舍舍內鋪水泥地面，並較舍外高約 7.6 公分，以利排水與清潔消毒。如不設火雞舍亦需提供遮蔭棚，遮蔭棚下設置棲架。火雞舍可設置於放牧地或山坡地，便於放牧飼養。

1. 面積

每隻母火雞所需的地面面積為：0～4 週，育雛；4～8 週，0.093 平方公尺；8～12 週，0.139 平方公尺；12～20 週，0.232 平方公尺；20 週以上，0.557～0.743 平方公尺。而公火雞每隻需：0～4 週，育雛；4～8 週，0.093 平方公尺；8～12 週，0.182 平方公尺；12～16 週，0.278 平方公尺；16～20 週，0.370 平方公尺；20～24 週，0.464 平方公尺；24 週以上，0.840 平方公尺。

2. 運動場

運動場需排水良好，以鋪粗砂為宜，面積應為舍內面積之 2～3 倍大，四周加置圍籬。

3. 產蛋巢

種用火雞舍需設置產蛋巢，每 4 隻母火雞設置 1 個，產蛋巢成串排列，每 1 產蛋巢寬 35.56～40.64 公分（14～16 吋）、深 60.96 公分（24 吋）、高 60.96 公分（24 吋），另設一踏足板，高約 12.7 公分（5 吋），產蛋巢離地面 7.62～10.16 公分（3～4 吋），排成 1 列或 2 列。

4.棲架

火雞舍內設置棲架,供火雞棲息,以避免因墊料潮溼時,火雞接觸墊料而感染疾病。棲架可為一能移動之木架,在木架上同一水平置放木棒(5×10 公分),離地面約 20~30 公分,木棒的距離(中心間)為 61 公分,可供各種年齡的火雞棲息。

5.遮蔭棚

在氣溫高的地區,於運動場及放牧地應設置遮蔭棚,供火雞避暑。

6.給飼與飲水設備

火雞的給飼與飲水設備與雞使用者相同,每隻火雞應有 5 公分 (2 吋)的直線餵飼空間,1.27 公分(1/2 吋)的直線飲水空間。

習題

1.試說明禽舍建築的原則為何？

2.臺灣禽舍建築應考慮哪些問題？

3.臺灣家禽事業在貿易自由化與國際化的衝擊下，禽舍的建築應考慮哪些問題？

4.何謂環境控制雞舍？

5.水禽舍的建築與雞舍具有哪些差異？

第七節　消毒與衛生管理

一、消毒

引起家禽疾病的病原體都是潛在性感染，不知不覺中蔓延且常在化，感染的原因很多，如有病的禽體，出入農場的人員、車輛、野鳥及野鼠均可能帶進病原體。消毒是可將這些原因排除的有效手段之一，也是阻斷疾病感染路徑的有效方法，故消毒是牧場管理的重要一環。平時即應履行定期消毒，以預防疾病的發生，傳染病發生時更應消毒，以防止疾病的傳染。

所謂消毒，乃是應用物理或化學的方法，將病原體殺滅或減弱其發病力。物理的消毒方法如陽光、熱蒸氣及火焰消毒；化學的消毒方法，為使用消毒劑消毒的方法，一般禽舍以採用化學的消毒方法為多。

（一）化學消毒劑應具備的條件

1. 符合消毒價值且價格低廉。
2. 易溶於硬水，乳化性良好，經水稀釋後必須仍然有效。
3. 對人及禽畜安全，無腐蝕性，不損害器具。
4. 無強烈或令人厭惡的臭味，使用後其臭氣不久留。
5. 使用方便，毒性小，副作用小。
6. 使用後不會產生化合作用，以免與儀器、器具及其他被消毒物等相遇時減低其性能。
7. 在常溫下有效，在低溫下其效力也不會喪失太多。
8. 放置於大氣中安定，無爆炸性及引燃性。

9.對大多數病原體有殺菌作用，細菌不易產生抗藥性。

10.包裝形式及濃度，必須便於迅速及省錢的運輸。

（二）化學消毒劑的主要作用

1.破壞細菌體壁

是將細菌體的外壁（細胞壁，細胞膜）加以破壞，若外壁破壞內容物即洩出而致細菌死亡。

2.使細菌體蛋白質變性

使細菌體蛋白質變性，致細菌死亡。

3.遮蔽細菌體表面而阻礙呼吸

使細菌的呼吸受阻斷而死亡。

（三）化學消毒劑使用上應注意事項

1.消毒劑的混合使用，會增減其消毒效果，即兩種消毒劑混合使用的結果，可能會產生另外的化合物而會增加或減少其效果。或混合結果，雖不產生新的化合物，但因兩種藥劑的物理狀態發生變化，其消毒能力變強或減弱，故使用前需先瞭解。

2.當實施消毒時，須特別注意消毒溶液的溫度、濃度與消毒力的關係。一般而言，消毒液的溫度愈高，其消毒力愈強，溫度每上升 10 ℃，其消毒力約可增加 3 倍，而消毒力與消毒劑的濃度一般呈正比例，不過溫度的差異對消毒力的影響，遠超過其濃度的差異。故站在經濟上的立場，將消毒劑稀釋於熱水使用，比用冷水溶解的高濃度消毒劑為經濟，故夏天與冬天使用相同的消毒劑，其濃度應作適當調整。

（四）石炭酸 (phenol) 係數

石炭酸係數一般作為消毒劑強度之表示。以石炭酸的價值為單位，將其他消毒劑的效力，與它比較後以數字表示，此數字即是該消毒劑的石炭酸係數或稱酚係數。亦即此數字是表示消毒劑最高稀釋至多少倍仍可將細菌（傷寒菌）殺死，此稀釋倍數與石炭酸作比較即石炭酸係數。例如，某種消毒劑稀釋 5,000 倍可將傷寒菌殺死，而在相同溫度時間（如 20 ℃，10 分鐘）下，石炭酸稀釋 100 倍可殺死傷寒菌，則此消毒劑的石炭酸係數為 5,000 / 100 = 50，即此種消毒劑的消毒力為石炭酸的 50 倍。

（五）消毒劑使用原則

1. 與病原體（細菌或病毒）直接接觸

消毒劑必須與病原體直接接觸方有效，故在消毒前必須將消毒的建築物或器具清洗乾淨，除去汙染物。

2. 適當的濃度與容量

必須要有適當濃度，太低效果不佳，太高不經濟或有危害，容量要足夠能覆蓋消毒的表面，使表面浸溼才能發揮消毒效力。

3. 適當的溫度與時間

溫度高可增強消毒力已如前述，且要有充分的時間使消毒劑發揮效力。

4. 選擇適當的消毒劑及消毒方法

依照消毒的現場狀況，選擇適當有效的消毒劑及消毒方法。

5. 消毒次數

依季節及牧場的經營與現場狀況而定，定期實施消毒，例如夏季每週 1 次，冬季 2 週或每月 1 次，而傳染病流行期間則應每日 1 次。

（六）常用的消毒劑種類及使用方法

常用的消毒劑種類及使用方法如表 2–39 所示：

▶表 2–39　常用消毒劑之使用方法

名稱	濃度	用法	消毒物件
漂白粉	粉末	撒布	禽舍地面、糞尿池、水溝，殺菌力強，對芽胞菌有效
氯水	1.漂白粉 5% 2.漂白粉 1.002%～0.0002%	撒布	1.禽舍及場地 2.清水
石炭酸水	3%	撒布或水浸	手、腳、器具、儀器
酒精	70%	–	手、皮膚、器具
甲醛水（福馬林水）	3%	噴霧、塗擦或水浸	禽舍及器具等
甲醛氣（福馬林氣）	原液（含 40% 甲醛）	蒸燻（加過錳酸鉀）	禽舍、孵化器、飼養器具及衣著工作用具，必須在密閉狀態下進行
生石灰（假性石灰）	加半量水	撒布	禽舍地面、糞尿、下水溝、廄肥、糞池、潮溼地
石灰乳	生石灰 1%	撒布	禽舍地面及運動場等
來蘇水 (lysol) 或克來蘇水 (cresol)	2～3.5%	撒布、塗擦或洗刷	手、腳、衣服、禽舍、器具及屍體
苛性鈉	1～2%	撒布	禽舍、器具
過錳酸鉀	0.1%	水浸	青飼料、飲水
昇汞水	0.1%	撒布或水浸	手、腳、器具（金屬除外）

二、衛生管理

　　疾病的預防重於治療，一分的預防勝過十分的治療，在現今的畜牧事業，疾病日益複雜，病菌對藥物的抵抗力日益頑強，衛生管理在疾病的預防上，日益重要，養禽場的衛生管理大致可分成 3 個方向：（一）為防止病原體侵入與傳播；（二）為增強家禽本身抗病能力；（三）為去除致病的誘因。

（一）防止病原體的侵入與傳播

　　通常傳染病的病原體是經由發病動物的排泄物、塵埃、空氣或水等，經由口腔或呼吸道侵入健康動物體內，或經吸血昆蟲做媒介而傳染，其他如人、動物、器具、物品等亦可為病原體的媒介或搬運者而傳播。由他場購進飼養的初生雞須無被病原體汙染者，車輛、雞籠、蛋箱等均必須經消毒後方可進入場內，嚴禁飼料商、雞販、藥物販賣業者等進入舍內，並防止野生鳥類、犬、貓、齧齒類動物等之侵入，且不向傳染病發生地區購置飼料、蛋或家禽，以防止病原體之侵入。鴨場與鵝場勿設置於河川溪流之沿岸；以養殖池飼養應注意水源，避免遭受傳染病之汙染。

（二）防止場內病原體的傳播

1.禽舍獨立

　　雖在臺灣土地有限的情況，每幢禽舍亦最好能保持 15 公尺以上的間距，每幢禽舍的入口處應設置消毒槽，每幢禽舍或同齡禽舍應有各別的管理員及各別的完全資料；不同來源的禽種，不同品系及不同日齡的家禽均應各別獨立隔離。

2. 保持飼養場地潔淨衛生

每批次飼養的間隔應徹底清除舊飼料及墊料，禽舍及器具徹底清洗消毒。飼養期間定期使用適當的消毒藥品清潔飼養場地，如發生疾病應立即全場消毒，斃死的家禽應焚毀或深埋。

3. 統進統出

即同一幢禽舍飼養同日齡之家禽，出售時間相同，在飼養管理與衛生管理均較容易進行，整群出售後，禽舍及飼養器具可徹底清洗消毒，對衛生管理有莫大的助益。

4. 重要傳染病的血清學檢查

大規模飼養場，應定期進行重要傳染病的血清學檢查，尤其是種禽場，以逐漸建立健康無汙染的飼養場。

（三）增強家禽本身抗病能力

1. 選拔飼養抗病力強的禽種

例如飼養對白血病，白痢病等抗病力強的品系。

2. 給與適當的營養

選用營養均衡的飼料，增強家禽對疾病的抵抗力。

3. 嚴格執行防疫計畫

依防疫計畫，接種各種疫苗，使家禽對各種特定的傳染病具有抵抗力，各種疫苗的接種，請參照表 2–24 及前述各種家禽的飼養管理章節之說明。

（四）去除致病的誘因

　　許多環境外在的因素，會助長疾病的誘發與傳播，例如飼養環境不佳，通風換氣不良，有賊風，禽舍隔熱不佳，缺水或水質不佳，缺飼料或突然改換飼料，過於密飼以及受驚嚇等，均會造成緊迫，易於誘發及傳播疾病，必須注意儘量避免發生。

習題

1.試說明理想的消毒劑應具備哪些條件？

2.消毒劑對細菌的主要作用為何？

3.消毒劑使用上應注意的事項為何？

4.試說明家禽飼養場如何防止場內病原體的傳播？

5.如何增強家禽本身的抗病能力？

第八節　禽糞處理與利用

　　臺灣地狹人稠，近年來禽畜飼養的密度日益增加，產生大量的排泄物，已引起嚴重的環境汙染問題，其中尤其以養豬場的廢水汙染最為嚴重，對自然生態的破壞最大。家禽飼養場的排泄物對環境的汙染，雖不如養豬場的嚴重，但雞糞的惡臭、鴨糞對河川水質的汙染也頗為嚴重。

　　不過禽糞如能經過適當的處理，不但可作為肥料，且可進一步作為飼料原料，添加於禽畜飼料中，除可解決環保問題外，並可提高其經濟價值，臺灣目前一般以經過適當的處理後作為肥料者居多。常用的處理方法及其利用說明如下：

一、自然乾燥法

　　臺灣大多數的蛋雞業者，過去大都以日曬方式，利用陽光直接曝曬雞糞，待乾燥後出售作為農作物的肥料用。但此方法如遇雨天，則雞糞經淋雨易於流失，造成對環境及河川水質的汙染，此種方法已無法符合目前環保的要求。

二、塑膠房乾燥法

　　此方法乃在水泥地面上裝設一塑膠房，將禽糞置於塑膠房中，利用太陽能乾燥，此方法可防止下雨雞糞流失的汙染及惡臭的問題。塑膠房一般採長方形，密閉式或二端開放式，在房內裝設鐵軌，在鐵軌上裝設糞便攪拌翻動機，來回攪拌翻動糞便，使易於乾燥。如採密閉

式，則需另外裝設脫臭設備，以去除臭味。塑膠房屋頂以透明塑膠布或塑膠板作成，攪拌翻動機可加裝熱風乾燥機，加速糞便的乾燥，糞便乾燥後出售作為肥料。

三、發酵處理法

禽糞如蛋雞糞便，經添加適當的填充料如米糠等，調整其成分，並經發酵後，可作為肥料或作為禽畜的飼料原料。如擬作為禽畜的飼料原料，則需先經高溫烘乾處理殺菌、消毒後，再添加微生物發酵使用。如擬作為肥料用途，則不必高溫烘乾，一般設置數條水泥製成的發酵槽溝，上置翻糞機，可將糞便由一條槽溝翻入鄰近的槽溝，至最後一條槽溝時，已發酵完成，可包裝出售作為肥料。在臺灣畜產試驗所曾做過利用雞糞與玉米混合經 2 週的厭氣發酵處理後，作為養豬飼料原料，經厭氣發酵處理，可殺死寄生蟲卵，抑制病菌及病毒，肉豬飼料中可添加 15%，對每日增重及飼料效率無不良之影響。

四、人工高溫脫水法

此乃使用高溫送風乾燥機，將蛋雞排泄物脫水乾燥，乾燥機內溫度可達 204 °C (400 °F) 以上，雞糞經高溫烘乾後，可殺滅病原菌及寄生蟲卵，可作為禽畜飼料，蛋雞糞便中尚含相當分量的營養分（表 2-40），依中興大學之研究結果，高溫烘乾處理後的雞糞，在產蛋雞飼料中添加 5%，對蛋雞產蛋性狀並無不良的影響，而以 11% 添加於乳用犢公牛飼料中，其增重亦良好。

▶表 2–40　籠式蛋雞糞的成分

一般成分，%		胺基酸，%（占蛋白質的百分率）	
水分	9.55	精胺酸	5.10
粗蛋白質	25.16	離胺酸	5.01
非蛋白氮	2.64	組胺酸	2.01
粗脂肪	2.44	甲硫胺酸	1.12
粗纖維	14.56	胱胺酸	9.80
粗灰分	25.21	苯丙胺酸	4.12
鈣	2.41	白胺酸	6.93
磷	2.83	異白胺酸	4.34
		組胺酸	2.01
		色胺酸	1.00
		羥丁胺酸	4.62
		纈胺酸	3.94

資料來源：陳耀錕，1975。農林學報，p.27～39。

五、使用墊料降低水分

　　肉雞、種雞及鴨等的飼養方式大多採用平飼，在禽舍內均敷設墊料，糞便與墊料混合，因墊料吸溼而降低水分含量，故較少臭味及昆蟲的滋生，處理較為容易，可做成堆肥或於農田撒布作為農地的基肥，改善土質。在使用時依其氮、磷、鉀的成分含量及施用的農作物種類、目的，作適當的調整配合使用。

六、其他

　　水禽類的鴨與鵝，尤其是鴨在臺灣的飼養隻數頗多，鴨場所產生的廢水龐大，過去大多飼養於河川、溪岸邊，其排泄物進入河川、溪水中，無法處理，嚴重汙染水質，此種飼養方式已漸不可行，漸改以養殖池飼養或圈飼，菜鴨已研究可改以籠式飼養。因鴨喜玩水或因沖洗鴨舍，均會產生大量的廢水，其處理可仿照豬廢水的處理方式，以厭氣發酵處理為主，再輔以其他再淨化處理方法，如活性汙泥法、氧化溝法、曝氣法、生物盤法或藻類的培養等方法，依環境條件之不同，選擇適當的方法，進行處理。

習題

1.家禽糞便常用的處理方法有哪幾種？

2.何謂塑膠房乾燥法？

3.雞糞經處理後可作哪些用途？

作者：松本英惠
譯者：陳朕疆

打動人心的色彩科學

暴怒時冒出來的青筋居然是灰色的！？
在收銀台前要注意！有些顏色會讓人衝動購物
一年有 2 億美元營收的 Google 用的是哪種藍色？
男孩之所以不喜歡粉紅色是受大人的影響？
會沉迷於美肌 app 是因為「記憶色」的關係？
道歉記者會時，要穿什麼顏色的西裝才對呢？

你有沒有遇過以下的經驗：突然被路邊的某間店吸引，接著
隨手拿起了一個本來沒有要買的商品？曾沒來由地認為一個
初次見面的人很好相處？這些情況可能都是你已經在不知不
覺中，被顏色所帶來的效果影響了！本書將介紹許多耐人尋
味的例子，帶你了解生活中的各種用色策略，讓你對「顏色
的力量」有進一步的認識，進而能活用顏色的特性，不再被
繽紛的色彩所迷惑。

作者：潘震澤

科學讀書人—— 一個生理學家的筆記

「科學與文學、藝術並無不同，
都是人類最精緻的思想及行動表現。」
★ 第四屆吳大猷科普獎佳作
★ 入圍第二十八屆金鼎獎科學類圖書出版獎
★ 好書雋永，經典再版

科學能如何貼近日常生活呢？這正是身為生理學家的作者所
在意的。在實驗室中研究人體運作的奧祕之餘，他也透過淺
白的文字與詼諧風趣的筆調，將科學界的重大發現譜成一篇
篇生動的故事。讓我們一起翻開生理學家的筆記，探索這個
豐富又多彩的科學世界吧！

破解動物忍術

如何水上行走與飛簷走壁？
動物運動與未來的機器人

水黽如何在水上行走？蚊子為什麼不會被雨滴砸死？哺乳動物的排尿時間都是 21 秒？死魚竟然還能夠游泳？

讓搞笑諾貝爾獎得主胡立德告訴你，這些看似怪異荒誕的研究主題也是嚴謹的科學！

★《富比士》雜誌 2018 年 12 本最好的生物類圖書選書
★《自然》、《科學》等國際期刊編輯盛讚

從亞特蘭大動物園到新加坡的雨林，隨著科學家們上天下地與動物們打交道，探究動物運動背後的原理，從發現問題、設計實驗，直到謎底解開，喊出「啊哈！」的驚喜時刻。想要探討動物排尿的時間得先練習接住狗尿、想要研究飛蛇的滑翔還要先攀登高塔？！意想不到的探索過程有如推理小說般層層推進、精采刺激。還會進一步介紹科學家受到動物運動啟發設計出的各種仿生機器人。

作者
胡立德 (David L. Hu)

譯者：羅亞琪
審訂：紀凱容

三民網路書店

百萬種中文書、原文書、簡體書
任您悠游書海

領 **200**元折價券

打開一本書
看見全世界

sanmin.com.tw

國家圖書館出版品預行編目資料

畜牧(一)／許振忠編著.－－二版一刷.－－臺北市:東
大，2024
　　面；　公分.－－（TechMore）

　　ISBN 978-957-19-3326-9（平裝）
　　1.家禽飼養 2.疾病防制

437.7　　　　　　　　　　　　　　　111008558

Tech
More

畜牧（一）

編 著 者	許振忠
發 行 人	劉仲傑
出 版 者	東大圖書股份有限公司
地　　址	臺北市復興北路 386 號 (復北門市) 臺北市重慶南路一段 61 號 (重南門市)
電　　話	(02)25006600
網　　址	三民網路書店 https://www.sanmin.com.tw
出版日期	初版一刷 1997 年 2 月 初版十四刷 2020 年 10 月 二版一刷 2024 年 1 月
書籍編號	E430450
I S B N	978-957-19-3326-9

著作財產權人©東大圖書股份有限公司
著作權所有，侵害必究
※ 本書如有缺頁、破損或裝訂錯誤，請寄回敝局更換。

東大圖書公司